准考证号：________

考生姓名：________

工作单位：________

2022年全国环境影响评价工程师职业资格考试

环境影响评价案例分析

考生注意事项

1. 答题前，考生须在试题册指定位置上填写工作单位、考生姓名和准考证号；在答题卡指定位置上填写考生姓名和准考证号，并涂写准考证号信息点。
2. 选择题的答案必须涂写在答题卡相应题号的选项上，非选择题的答案必须书写在答题卡指定位置的边框区域内。超出答题区域书写的答案无效；在草稿纸、试题册上答题无效。
3. 填（书）写部分必须使用黑色字迹签字笔或者钢笔书写，字迹工整、笔迹清楚；涂写部分必须使用 2B 铅笔填涂。
4. 考试结束，将答题卡和试题册按规定交回。

☆说明：从一至八题中任选六题作答，每题 20 分，共 120 分

第一题

某砖厂位于西南地区青枝煤矿开采区，2008 年通过竣工环保验收，环评批复以低硫煤矸石、页岩等为原料，采用破碎筛分、混料、陈化、挤出成型、切坯和干燥烧结工艺，生产烧结标准砖 7 600×10^4 块/年。生产设施有 2 条带人工干燥室的轮窑生产线和破碎、筛分、混料、成型等设备，辅助设施有原料棚、陈化库和成品堆场等。

原料棚设围挡抑尘，破碎筛分点采用洒水抑尘，烧结和干燥烟气采用旋风水膜除尘脱硫。近期自行监测报告表明：工况条件下，轮窑干烟气含氧量 19.06%、温度 60℃，颗粒物、二氧化硫、氮氧化物和氟化物的浓度分别为 13mg/m^3、104mg/m^3、67mg/m^3 和 1.2mg/m^3。

企业拟在原址实施改造，原料组成不变。产品品种增加烧结空心砖，产能调整为标准砖 6 000×10^4 块/年。工程内容包括拆除厂区所有设施，新建封闭型的原料库、陈化库和生产车间等。新建 1 条隧道烘干室＋隧道烧结窑生产线，更新全部生产设备。

烧结窑采用机械送、排风方式。烧结温度 1 050～1 150℃。烧结窑每年需铺柴投煤点火一次，升温后利用砖坯中煤矸石燃烧完成烧结，不再外加燃料。

将烧结室烟气中的一部分引入烘干室进行余热利用（用于烘干湿砖坯），再与其余烟气混合经布袋除尘＋双碱法脱硫净化后，由引风机引至 25m 高烟囱排放。原料破碎、筛分、混料产生的粉尘经集气罩收集、布袋除尘净化后由独立排气筒排放。根据原料理化分析报告，煤矸石热值约为 2 200kJ/kg，主要成分有碳、二氧化硅、三氧化二铝，还检出氟、砷和汞等元素。

该企业用地不在生态保护红线内，厂界外 45m 处有一散户、270m 处有一村庄、1 000m 处有一家在建陶瓷企业。根据当地环境质量报告书，区域上一年度 $PM_{2.5}$ 年均浓度超标，地方达标规划尚在编制中。环境影响报告表编制单位开展了大气专题工作。根据估算模式计算结果，确定项目大气环境影响评价工作等级为一级。

注：《砖瓦工业大气污染物排放标准》（GB 29620—2013）及其 2020 年修订单规定，人工干燥及烧结生产过程的颗粒物、二氧化硫、氮氧化物和氟化物标准状态干烟气排放浓度限值分别为 30mg/m^3、150mg/m^3、200mg/m^3 和 3mg/m^3，干烟气基准氧含量 18%，基准排放浓度折算公式为：$\rho_{基准排放浓度}=\rho_{实测排放浓度}\times(21-Q_{干烟气基准含氧量})/(21-Q_{干烟气实测含氧量})$。本案例不考虑气压变化，标态温度以 273.15K 计，实测排放浓度需折算为标准状态干烟气排放浓度，再折算为基准排放浓度后对标。

问题：

1. 判断现有工程烟气排放达标情况。
2. 技改工程采用的烧结窑烟气治理措施是否合理？说明理由。
3. 说明正常排放时不达标因子的大气预测工作内容。
4. 简述项目噪声评价的主要工作。
5. 推荐烧结窑建设运营期减少碳排放的措施。

第二题

南方某市经济技术开发区位于城市主城区西侧 10km 处，成立于 2006 年，规划面积为 30.1km^2。成立之初，开发区编制了规划环境影响报告书。2015 年，开发区进行控规修编并编制了规划调整暨跟踪评价环境影响报告书。经过十多年的发展，北部已形成工业发展集中区，汽车、通用设备、电气机械和器材、计算机通信和其他电子设备等制造业规模以上企业达到 100 余家。南部以研发和居住为主，研发已初具规模，东南部有红星社区。到目前为止，土地利用率已接近 60%，开发区内尚有零星农户散布。

开发区水、电、气供应设施完善。现有生产需热企业全部采用天然气锅炉自行供热，区内供水依托外部供水厂，排水采用雨污分流制。现有企业废水收集后全部纳入开发区内东北部的污水处理厂处理。污水处理厂设计处理规模为 $5\times10^4 m^3/d$，实际处理 $4.8\times10^4 m^3/d$，尾水去向为 R 河。

低碳经济已经起步。部分工业厂房屋面已安装太阳能发电系统。公共交通全部采用纯电动车辆，道路已采用太阳能照明灯，红星社区生活垃圾已实现分类收集。

为打造成为先进制造业基地和产业升级示范区，开发区编制了 2020—2035 年产业发展规划。规划近期至 2025 年、远期至 2035 年。规划主导行业包括电子器件制造、高端智能制造以及新材料新能源等行业。用地布局保持不变，在北部工业用地与南部研发、居住用地之间设置缓冲绿带。保留红星社区，在其南部规划建设集中居住区。开发区规划人口总规模7万人。现有的零星农户也将安置在集中居住区。

规划供水仍依托外部供水厂。完善雨污排水管网。扩建开发区污水处理厂，处理能力达到$7\times10^4m^3/d$，2035年达到$10\times10^4m^3/d$，出水水质仍执行《城镇污水处理厂污染物排放标准》（GB 18918—2002）一级标准，尾水去向仍为R河。

该市地处河网地区，水资源丰沛。开发区附近有R河和Q河。R河位于开发区东北侧，为Ⅳ类水环境类别，自西北流向东南，在开发区污水处理厂排放口下游8km处汇入Q河。Q河位于开发区南侧，为Ⅲ类水环境类别，自西流向东北。在Q河汇入口上游5km处为该市饮用水源准保护区下游边界。R河和Q河均为感潮河流。

开发区所在区域为环境空气二类功能区，主导风向为东南风。规划环评文件编制单位先后开展了以下工作：对历史监测数据统计分析，区域环境空气二甲苯浓度持续上升，个别点位浓度值占标率接近90%，地表水、土壤和地下水环境监测全部达标。

对重点企业调查发现，区内有10家企业单位产值能耗和8家企业水耗均高于该市行业平均水平；有5家企业涉VOCs废气收集、处理不规范，其中一家大型家具企业近年来投诉不断。

结合产业发展规划和“十四五”规划的相关要求，预测到2025年，区内新增污染物氮氧化物、二氧化硫和VOCs排放量分别为767t/a、100t/a、149t/a。

地表水环境影响预测结果显示，当污水处理厂尾水排放量超过$7\times10^4m^3/d$时，丰水期，除R河排放口混合区外，评价范围内R河、Q河水质均满足地表水环境功能区目标要求；枯水期，受潮汐影响，Q河饮用水源准保护区范围的部分河段水质将超过地表水环境功能区Ⅲ类区水质目标的要求。

问题：

1. 分析开发区发展面临的环境制约因素。

2. 针对“区域环境空气二甲苯浓度持续上升，个别点位浓度值占标率接近90%”的现状，规划环评应开展哪几方面的工作？

3. 大气环境影响预测因子是否应考虑二次污染物？说明理由。

4. 针对区域水环境承载力不足，开发区可考虑采取哪些措施？

5. 关于开发区碳减排路径设计，可考虑采取哪些措施？

第三题

某公司拟建年产 3.2×10^9 Ah 磷酸铁锂动力电池项目，建设内容包括联合厂房、N一甲基吡咯烷酮（NMP）罐区、原料仓库、软水和纯水制水站、循环冷却水系统、固体废物仓库、废水处理站以及燃气锅炉房等。项目用水、用电、天然气由所在工业园区统一供给。

联合厂房布置正、负极片生产线及电池组装、活化与检测生产线。正极片生产工艺为：将磷酸铁锂、镍钴锰酸锂、乙炔黑、聚偏氟乙烯（PVDF）等粉料与溶剂 NMP 混合制成浆料，涂覆在铝箔上，再经热压、分切、烘烤、检验，合格正极片送电池组装工序。负极片生产工艺为：将石墨、羧甲基纤维素（CMC）等粉料与纯水混合制成浆料，涂覆在铜箔上，再经热压、分切、烘干、检验，合格负极片送电池组装工序。电池组装、活化和检测工艺主要为：正负极叠片、极耳焊接、软包顶封、电芯干燥、电解液真空加注及封边、化成、老化、组装、检验，合格电池包装入库。

NMP 采用 $50m^3$ 罐车运输至 NMP 储罐，电解液及 PVDF 采用 200kg 标准桶装，其他物料采用 25kg 袋装，均贮存于原料仓库。NMP 罐区占地面积 $400m^2$，布置泵房 1 个及 $120m^3$ 原料储罐和 NMP 废液储罐各 2 个。电解液含 10％的六氟磷酸锂，90％的碳酸乙烯酯和碳酸丙烯酯等挥发性有机物（VOCs）。

正极制浆、涂覆工艺 NMP 废气采取密闭罩收集、处理工艺流程见图 3。

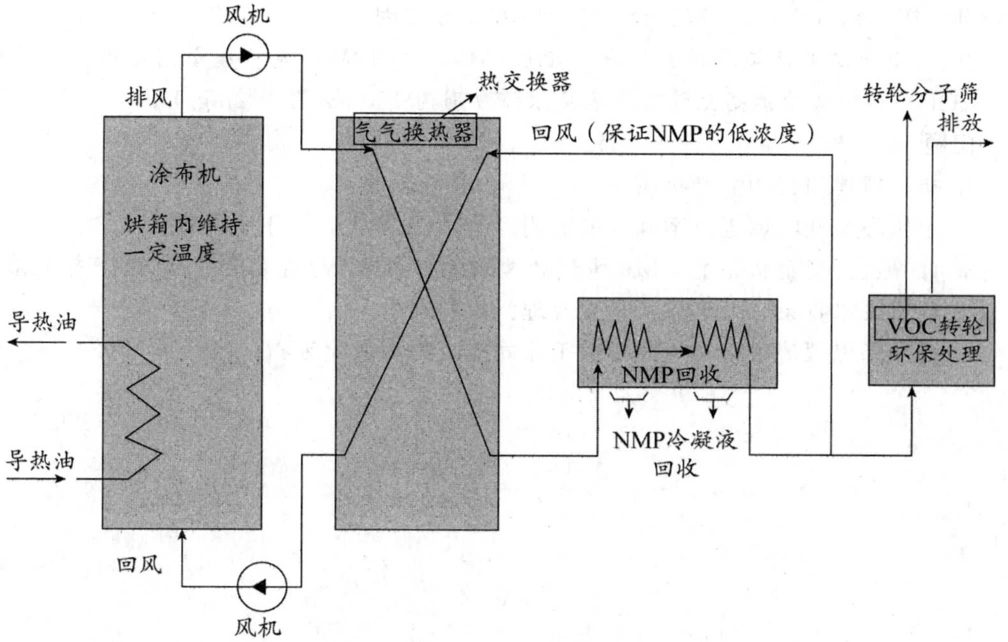

图 3 正极涂覆 NMP 废气收集、处理工艺流程图

NMP 废气经热交换器冷凝（110～130℃）和转轮分子筛吸附后，引出一部分至热交换器加热至 120℃后用于转轮分子筛的脱附，脱附产生的高浓度 NMP 废气返回热交换器入口持续冷凝回收 NMP；其余废气经水吸收净化后由 25m 高排气筒排放。热交换器冷凝、转轮分子筛吸附和水吸收对 NMP 的去除效率分别为 95%、95%和 80%，NMP 废气产生量为 100kg/h。电池组装电解液真空加注工艺废气采用活性炭吸附/脱附＋RCO 工艺处理后由 15m 高排气筒排放，排气筒烟气量为 18 000m^3/h。

NMP 废气处理产生的 NMP 冷凝废液，经管道输送至 NMP 废液储罐贮存，而后委托 NMP 供货单位进行综合利用；水吸收产生的 NMP 废水送全厂废水处理站处理。项目产生的废水水量及初始水质见表 3。

表 3 项目废水水量及初始水质一览表 （单位：mg/L）

废水名称	平均水量	COD	SS	氨氮	磷酸盐	总氮
正极生产线设备清洗废水及 NMP 废水	20m^3/d	25 000	500	140	4	200
负极生产线设备清洗废水	40m^3/d	750	500	50	4	75
循环冷却水系统排污水	200m^3/d	40	30	/	1	/
生活污水	100m^3/d	400	250	30	6	/

项目可行性研究报告提出的废水处理方案为：正极生产线设备清洗废水及水洗吸收 NMP 废水采用沉淀、芬顿氧化、混凝沉淀预处理后，再与负极生产线设备清洗废水混合后采用调节、酸化、UASB 和 A/O 工艺处理。处理后的废水（设计出水水质 COD≤140mg/L、磷酸盐≤1mg/L）再与循环冷却水系统排污水、生活污水一并由总排放口排入园区污水处理厂进一步处理。

项目拟建厂址位于工业园区，占地面积为 20hm^2，厂址东面隔规划道路现状为耕地，距东厂界 400m 处有一村庄，本项目土壤环境影响评价工作等级为三级，环评文件编制单位制定的土壤环境现状调查方案为：在项目用地范围内设 3 个土壤表层监测点，监测砷、镉、铬（六价）、铜、铅、汞、锌和镍8项因子。

注：《电池工业污染物排放标准》（GB 30484—2013）规定：废水间接排放化学需氧量（COD）和磷酸盐最高允许排放浓度限值分别为150mg/L和2mg/L。

问题：

1. 指出拟建项目的危险物质。
2. 土壤环境现状调查方案确定的监测因子是否合理？说明理由。
3. 计算运行稳定状态下NMP废气处理系统的NMP冷凝废液量及NMP排放浓度。
4. 项目废水收集、处理方案是否合理？说明理由。
5. 分别指出拟建项目产生的一般工业固体废物和危险废物。

第四题

某新建天然气管道干线工程起自 H 站，止于 M 末站，全长 120km，管径为 1 219mm，压力为 10MPa，设计年输送能力为 $4.0\times10^{9}m^{3}$。工程全线包括首、末站共 6 座站场和 8 座监控室。全线管道外防腐采用普通级三层 PE 防腐层，设置阴极保护站对管道进行保护。对全线采用监控与数据采集系统、监控室设置远程终端装置、站场设置站控系统和安全仪表系统等措施，提高系统的安全性。其中 K 分输站场的主要功能为过滤分离、调压和计量，主要建设内容包括新建过滤分离系统（3 座旋风分离器和 3 座过滤分离器）、放空系统（1 具放空立管）、计量调压系统（4 套计量撬和 4 套调压撬）和环保工程（1 座污水暂存池和 1 座化粪池）等。过滤分离系统是对输送介质中含有的沙粒和其他固体杂物进行过滤分离，过滤分离器每年定期进行 1 次检测，泄漏的少量天然气和系统超压天然气泄放均通过放空系统的放空立管放空，超压放空频率为每年 1～2 次。营运期 K 分输站场产生的生活污水经化粪池处理后暂存，定期由罐车清运至城镇污水处理厂处理。

管道干线工程沿线经过平原区和丘陵区，用地类型有农田、荒地、一般林地和公益林区，其中穿越高速公路和等级公路等交通设施 12 处、小型河流 4 处。在第三、第四监控阀室之间沿大岗省级自然保护区（简称大岗保护区）外围经过，该段管道长度为 1 000m，横跨了湿地汇流区，距试验区最近距离 100m，距核心区最近距离 2 000m。

大岗保护区主要保护对象为湿地生态系统及其珍稀濒危鸟类等，涉及鸟类达 140 多种，其中有国家野生保护动物一级鸟类 6 种，二级鸟类 17 种。大岗保护区也是东亚鸟类迁徙中的驿站，候鸟迁徙期为 4～5 月和 9～11 月。工程穿越段的区域生境与保护区生境相似，管道沿线现状主要为农田和虾池，涉及部分鸟类的栖息与觅食地。

管道建设施工方法有挖沟法、定向钻法和顶管法。挖沟法用于管线穿越平原区和丘陵区的农田、荒地、一般林地和公益林地处的施工，作业带宽度为 24～26m，管顶埋深不小于 1.2m，土方全部用于管沟回填或场地平整，不设置取弃土场。顶管法用于管线穿越交通设施处的施工，管顶最大埋深为 5m，最大穿越长度为 100m。定向钻法用于管线穿越环境敏感区或河流处的施工，最大穿越深度为 15m，最大穿越长度为 1 200m，定向钻法施工所用泥浆的主要成分是膨润土和少量（一般为 5%左右）的添加剂（羧甲基纤维素纳 CMC）。

大岗保护区附近的管段采用定向钻法施工，在施工场地定向钻的出、入土点，布置泥浆配制间、泥浆池、材料和管材堆放场及定向钻机等。泥浆池底采用可降解防渗透膜进行防渗处理。泥浆池的大小按 30%余量设计，以防止雨水冲刷外溢。施工结束后，泥浆经固化后覆土复垦。

管道工程安装完成后，分段试压以监测管道的强度和严密性，管道试压采用清洁水，试压排水含少量悬浮物（SS），经沉淀处理后用于沿线农田和林地灌溉。

对大岗保护区附近的管段，工程设计单位提出如下进一步提高系统安全性的措施：提高监控与数据采集系统（SCADA）监控报警的设定精度、降低紧急截断系统（ESD）控制关断阈值、减少自动控制响应时间、同时强化人员值守和巡线。

根据《环境影响评价技术导则　生态影响》（HJ 19—2022）开展生态影响评价工作，大岗保护区段涉及自然保护区，因采用定向钻施工，且未在自然保护区设置永久工程和临时工程，确定生态影响评价工作等级由一级降为二级。

问题：

1. 分析临近大岗保护区段管道采用定向钻敷设方式的合理性。

2. 提出临近大岗保护区段敷管施工过程中的主要生态保护措施。

3. 识别 K 分输站场营运期废水的主要污染因子，给出应执行的排放标准。

4. 管道工程设计中，为防范环境风险，临近大岗保护区的管段还应在哪些方面加强管道本质安全措施？

5. 给出生态现状评价中关于大岗自然保护区的工作内容。

第五题

某钢铁联合企业为包括烧结、球团、焦炉、高炉、转炉及轧钢等工序的长流程企业，现有焦化工序建有4座55孔4.3m捣固焦炉，1套150t/h干熄焦装置和1套湿熄焦装置（备用），年产焦炭125×10^4t，配套煤气净化系统和酚氰废水处理站。

本次拟对焦化工序进行技术升级改造，淘汰现有4座捣固焦炉及配套的煤气净化系统，在淘汰焦炉位置建设2座48孔6.25m捣固焦炉，配套建设1套120t/h干熄焦装置，不备用湿熄焦装置，年产焦炭100×10^4t，在焦炉旁新设煤气净化装置，焦化废水处理系统依托现有工程。年副产焦炉煤气4.13×10^8 Nm^3/a，其他副产品包括焦油、硫黄及粗苯等，主要生产工艺流程见图5。

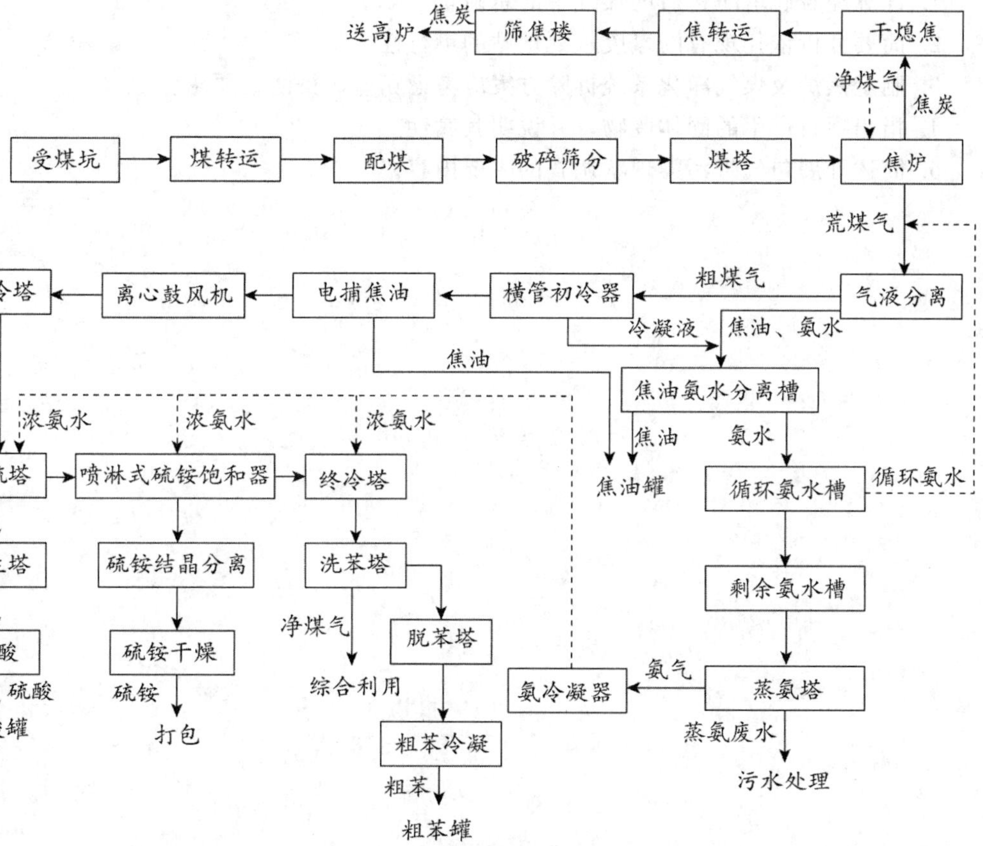

图5 焦化主要生产工艺流程图

焦炭产品由封闭皮带运送至高炉作还原剂。因置换比例为1.25：1，升级后焦炭产量减少，但不足部分可由外购焦炭解决。炼焦原料与产品焦炭比例为1.33：1，原料主要为肥煤、瘦煤、气煤及焦煤等，按一定比例混合送至炉内进行炭化，炭化室两侧为燃烧炉，燃料为脱硫净化后的焦炉煤气，燃烧尾气经焦炉排气筒排放。炼焦为煤在高温环境下进行干馏得到。

混合后原料煤的含硫率是0.68%，焦炭的含硫率为0.6%，煤气净化脱硫塔装置的脱硫率为98%。净化后的煤气含尘气浓度为10mg/Nm^3，总硫浓度为100mg/m^3（硫化氢与有机硫）。

项目厂区及运煤系统粉尘采用布袋除尘措施；废水经现有处理措施处理，工艺为预处理（除油）＋调节池＋生化处理（A^2O＋AO）＋过滤＋超滤＋反渗透，出水大部分用于焦炉干熄焦炉补水及其余车间补水，无外排。

除尘系统收集的粉尘进入配煤及烧结工序；焦油渣收集后掺煤炼焦；废矿物油桶收集后送现有炼钢工序回用；项目产生的其他废物包括废脱硝催化剂、离子交换树脂及废反渗透膜等。煤气净化系统产生的废水等带出硫为143t/a，忽略其他“三废”、粗苯及其他工序物料带走硫等。环评单位按照《环境影响评价技术导则　地下水环境》（HJ 610—2016）确定地下水评价工作等级为一级评价，需进行包气带污染现状调查。现有拆除工程主要包括焦炉及煤气净化系统等。

问题：

1. 计算经脱硫塔净化后的煤气中的总硫量。
2. 简要分析依托现有酚氰废水处理站的可行性。
3. 制定焦炉及煤气净化系统拆除方案应考虑哪些污染防控要求？
4. 指出项目产生的固体废物，并说明其属性。
5. 简述开展包气带污染现状调查的主要内容。

第六题

某企业拟在省级化工园区建设年产 5 000t 高纯度二氯二苯砜项目。项目生产设施有生产车间，辅助有原料罐区、原料和产品仓库、研发实验室及配套的公用、环保和办公设施等。采用序批式生产，生产工艺过程包括氧化反应、固液分离、产品精制和溶剂回收等，生产工艺流程见图 6。

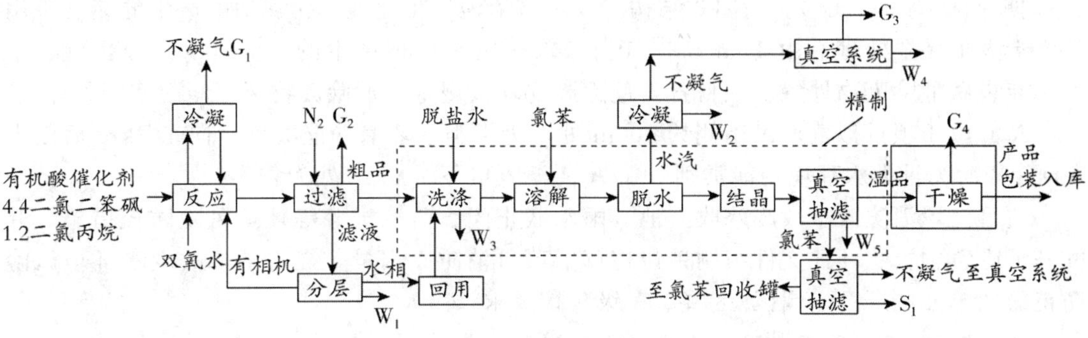

图 6　生产工艺流程图

注：洗涤、溶解、脱水、真空抽滤在同一设备（精制釜）内进行

粉状原料 4.4－二氯二苯亚砜、溶剂 1.2－二氯丙烷和有机酸催化剂经计量投入反应釜，双氧水（过氧化氢浓度 35%）滴加投入反应釜，设冷凝系统控制反应温度。反应生成的二氯二苯砜和水的混合物，经管道送入密闭过滤釜，在通入氮气保护下进行压滤，压滤产生的固体粗品在精制釜内依次采用脱盐水洗涤、投加氯苯溶解分层、加热脱除残留水分、冷却结晶和真空过滤处理，真空过滤得到的湿品送干燥塔干燥后成为合格产品，袋装入库。

过滤釜压滤产生的滤液主要为水、1.2－二氯丙烷和有机酸催化剂，经配置分层，有机相返回反应釜循环使用；水相大部分用于粗品洗涤，其余作为废水（W_1）处理。

真空过滤产生的含氯苯和其他杂质的母液，送减压精馏塔。在水环真空泵作用下进行真空精馏，馏出分回氯苯回收罐，循环使用，残液 S_1 送危险废物暂存间。

在生产过程中，通过通入蒸汽或低温水完成精制釜加热或结晶操作。反应釜、精制釜及氯苯精馏塔均配套三级冷凝装置。冷却介质分别采用 25℃循环水和 0℃低温循环水。反应釜冷凝液回流利用，精制釜加热脱水产生的蒸汽冷凝液作为废水（W_2）处理。

针对有机废气，设计单位提出 A、B 两套处理方案，A 方案将不凝气 G_1、过滤废气 G_2、水环真空泵尾气 G_3 以及各中间罐和回用水罐产生的废气，均纳入处理系统，采用“碱洗＋除雾＋活性炭吸附”工艺处理后，通过 1# 排气筒排放。B 方案将收集的上述混合工艺废气全部直接燃烧处理，干燥废气 G_4 经布袋除尘器处理后由 2# 排气筒排放。

双氧水和氯苯在原料罐区储存，经管道分别输送至反应釜和精制釜；氯苯储罐配套平衡系统，控制槽车大呼吸排放、桶装液态 1.2－二氯丙烷和有机酸催化剂在原料仓库内储存，在装置区用桶泵向反应釜内投加；原料 4.4－二氯二苯亚砜密闭加料站和产品包装区，均按规范设置集气罩，收集的含尘气体采用一套布袋除尘器处理后由 3# 排气筒排放。

研发实验室从事原料、产品质量检测和用于聚砜、聚醚酮等工程塑料的产品研发，研发和质检作业均在通风柜内进行，其废气采用活性炭吸附装置净化。实验室产生的废液、废样品和第一道清洗水均作为危险废物处置。

工艺废水 W_1 和 W_2、洗涤废水 W_3、真空系统排水 W_4 和真空抽滤定期清洗水 W_5 以及碱洗塔废水、地坪冲洗水、实验室后道排水和生活污水等均经密闭管道送废水处理站，采用“酸化＋铁碳还原＋絮凝沉淀＋MBR＋活性炭吸附”工艺处理后，再与循环水系统和脱盐水装置的排水混合后，纳管进入该园区污水处理厂。废水处理站采用半埋地(室内地面标高－4.0m)、封闭式结构。废水调节池、生化池和污泥池等产生的废气采用活性炭吸附装置处理后由15m高排气筒排放。废水处理产生的污泥（S_2）经压混、干化、装袋做危险废物处置。项目各类危险废物均按规范在危险废物暂存间内密闭暂存。

A河位于项目拟建厂区南侧约100m处，为Ⅳ类水环境功能类别。向东2km后汇入B河。B河为Ⅲ类水环境功能类别，在A河汇入口下游5km处为省界。

项目设置消防兼事故废水收集池、雨水截止阀、监控报警等环境风险防控措施，并配备了应急物资。环评文件编制单位核算了项目消防废水量，提出了事故废水环境风险防范的“单元—厂区—园区/区域”三级防控要求。

注：1.2—二氯丙烷与碱反应生成乙二醇和氯化钠。

问题：

1. 指出干燥废气 G_4 的污染因子，说明废气 G_4 处理方案存在的缺陷。

2. 分析A、B两套有机废气处理方案的优劣，说明理由。

3. 在制定项目水环境风险防控应急联动方案时，还需调查外部环境的哪些信息？

4. 为分析工艺系统水平衡，应考虑哪些进、出水项？

第七题

根据环卫规划，为服务东部行政区，H 市拟在城市主导风西南风的下风向，距主城区 25km 处新建一座生活垃圾焚烧发电厂。该厂设计日处理生活垃圾 2 400t，采用 3×800t/d 机械炉排焚烧炉和配套 2×40MW 汽轮发电机组配置形式。工程内容包括新建生活垃圾焚烧、烟气净化、渗滤液处理、飞灰稳定化处理、炉渣综合利用等生产、环保设施，半地下柴油储罐、地面氨水储罐、循环冷却水系统等仓储公用设施以及生活、办公等设施。

生活垃圾由汽车运输进厂，经地磅称重后，在卸料大厅（地面标高±0.000m）卸入垃圾池（池底标高－7.000m），而后由吊车抓斗提升倒入料斗，经落料槽、给料器送入焚烧炉焚烧。设计入炉垃圾低位发热值为 7 537kJ/kg，当入炉垃圾热值不足时，采用 0# 轻柴油助燃。焚烧炉炉渣由排渣机送入贮渣池（池底标高－4.500m），再输送至炉渣综合利用区处置。

每台焚烧炉配套单独烟气处理系统，烟气经过 SNCR（炉内喷入 25%氨水）、余热锅炉、半干法吸收（氢氧化钙浆液）、干法吸收（碳酸氢钠粉料）、吸附（活性炭细粉）、袋式除尘、换热和 SCR（25%氨水）处理达标后，由引风机引至车间外 80m 高的 3 管集束式烟囱中的 1 管排放。

垃圾池产生的渗滤液自流进入渗滤液收集池（池底标高－12.000m），经提升进入渗滤液处理系统，采用“预处理＋厌氧＋好氧＋超滤”工艺处理，经处理达到《污水综合排放标准》（GB 8978—1996）三级标准后，再由市政管道排入 H 市第三污水处理厂处理，超滤系统产生的浓缩液经雾化喷嘴喷入焚烧炉处理。渗滤液处理过程中产生的脱水污泥送焚烧炉焚烧处置。

卸料大厅为负压形式，垃圾池采用全封闭结构，卸料大厅通风排气与垃圾池产生的恶臭气体全部收集后，作为助燃空气送焚烧炉焚烧净化。焚烧炉停运、检修期间，垃圾池产生的臭气采用一套活性炭吸附装置净化后，通过 44m 高排气筒排放。卸料大厅适当喷洒植物除臭液抑臭。

烟气净化系统收集的飞灰在稳定化车间经投加整合剂进行稳定化处理后，送飞灰暂存间养护 3～5 天，经检测达到生活垃圾填埋场接收标准后，送填埋场处置。

项目生产用水 3 000m^3/d，主要用于余热锅炉软化水制备、循环冷却水系统补水、氢氧化钙浆液配制、钙水处理及飞灰稳定化药剂配制、炉渣综合利用配料、卸料大厅及生产车间地面清洗等。H 市为北方缺水城市，本项目设计生产生活用水近期采用地下水，待供水管网完善后采用城市供水厂供水。经调查，H 市第三污水处理厂位于项目厂址西侧 26km 处，采用“A^2O＋深床滤池＋臭氧氧化”处理工艺，处理规模为 450t/d。历史监测数据表明，该污水处理厂稳定运行，出水稳定达到《城镇污水处理厂污染物排放标准》（GB 18918—2002）一级 A 标准。

项目厂址北面为林地，170m 处有 R 河经过；东、南两面毗邻农田；西面 300m 处有一家一期已经投产、二期在建的危险废物焚烧处置厂。最近的环境空气保护目标 A 村位于厂址南侧 1 100m 处。环评文件编制单位判定土壤、大气环境影响评价工作等级均为一级，本项目大气评价范围处于规划的二类环境空气功能区。环评文件编制单位以本项目新增污染源贡献值叠加现状浓度后，预测得出二氧化氮（NO_2）95%保证率日平均质量浓度和年平均质量浓度均符合大气环境质量标准，据此判定 NO_2 环境影响可以接受。

问题：

1. 本项目用水方案是否合理？说明理由。
2. 指出焚烧炉烟气净化系统各处理单元的作用。
3. 给出焚烧烟气净化系统环境管理台账中要记录的消耗性材料。
4. 指出厂区内 5 个土壤柱状样点布设位置，说明厂区柱状样点的最大采样深度。
5. 环评文件编制单位判定 NO_2 环境影响可以接受的做法是否正确？说明理由。

第八题

西北某地溪水江自北向南流，左岸自上游往下有 A、B 两条支流汇入，汇口间距 144km。A 河全长 83km，流域面积为 1 581km^2，河口处多年平均流量为 42.7m^3/s。清溪县位于 A 河右岸，距河口 42～44km，县城临河展布，以 A 河支流作为供水水源，目前供水保证率低。县城生活污水经集中处理后排入 A 河。B 河自东向西穿过临江市区，河流全长 32km，河口处多年平均流量为 6.3m^3/s，为临江市主要排污受纳水体。临江市目前以城区北侧的红旗水库作为供水水源。随着城市发展，现有水资源已无法满足其发展需要。

为提高清溪县供水保证率和满足临江市发展对水资源的需求，临江市拟在距河口 61km 处新建 R 水库工程以及清溪县取水工程和临江市调水工程。清溪县取水工程在 R 水库坝下 10km 处右岸取水，经 6.8km 取水管道引入县自来水厂；临江市调水工程在 R 水库坝上 100m 处左岸取水，经 20km 输水隧洞向红旗水库补水。

R 水库坝址处多年平均流量为 8.79m^3/s，水库正常蓄水位为 238.0m，死水位为 231.0m，水库长 9.3km，总库容 9 437×$10^4 m^3$，具有年调节能力。R 水库由大坝枢纽、泄水建筑物和发电厂房组成。大坝最大坝高为 96m，泄水建筑物包括 1 条溢洪道、1 条放空洞和 1 根生态流量泄放管。发电厂房位于坝下，根据下游综合需水量进行发电，当发电机组无法下泄水量时，R 水库通过生态流量泄放管下泄生态流量。

R 水库调度方式是 6 月至 11 月为蓄水期，在满足防洪需求的情况下蓄水，下泄流量小于等于天然来流量；12 月至翌年 5 月为供水期，下泄流量大于天然来流量。

A 河上游受地形地质条件、气候等因素影响，生态环境较为脆弱，中下游河段具有典型干热河谷特征，河谷区植被以灌草丛为主。调水工程输水隧洞穿越山区，在隧洞中段设 1 条施工支洞，隧洞及支洞口附近分别设有弃渣场、施工场地与临时道路，山区植被以云南松林、杞木林、杜鹃灌丛等为主，野生动植物较丰富。

A 河现状水质为Ⅱ～Ⅲ类，鱼类资源较丰富，距河口约 10km 河段分布有 1 处鱼类产卵场。B 河为Ⅲ类水环境功能类别，受临江市排污影响，市区以下河段现状水质仅为Ⅳ～Ⅴ类。

问题：

1. 给出地表水环境影响评价范围。
2. 为计算 A 河生态需水量，应考虑哪些主要因素？
3. 从退水环境影响角度，分析临江市增加供水的环境制约因素，提出解决对策。
4. 开展输水隧洞施工期环境影响评价，需关注哪些主要生态影响？

参考答案

第一题

1. （1）颗粒物标准状态干烟气排放浓度＝13×（60＋273.15）/273.15≈15.86（mg/m^3）；颗粒物基准排放浓度＝15.86×（21－18）/（21－19.06）≈24.53（mg/m^3）＜30mg/m^3，故颗粒物排放达标。

（2）二氧化硫标准状态干烟气排放浓度＝104×（60＋273.15）/273.15≈126.84（mg/m^3）；二氧化硫基准排放浓度＝126.84×（21－18）/（21－19.06）≈196.14（mg/m^3）＞150mg/m^3，故二氧化硫排放超标。

（3）氮氧化物标准状态干烟气排放浓度＝67×（60＋273.15）/273.15≈81.72（mg/m^3）；氮氧化物基准排放浓度＝81.72×（21－18）/（21－19.06）≈126.37（mg/m^3）＜200mg/m^3，故氮氧化物排放达标。

（4）氟化物标准状态干烟气排放浓度＝1.2×（60＋273.15）/273.15≈1.46（mg/m^3）；氟化物基准排放浓度＝1.46×（21－18）/（21－19.06）≈2.26（mg/m^3）＜3mg/m^3，故氟化物排放达标。

综上，由于二氧化硫排放超标，故现有工程烟气排放超标。

2. （1）技改工程采用的烧结窑烟气治理措施不合理。

（2）理由：①烧结烟气有氮氧化物，应增加脱硝（或去除氮氧化物）措施；②原料含砷和汞等重金属元素，应增设活性炭或其他多孔性吸附剂等吸附工艺去除重金属砷和汞。

3. 正常排放时不达标因子的大气预测工作内容有：

（1）项目正常排放条件下，预测环境空气保护目标和网格点处该污染物的短期浓度和长期浓度贡献值，评价其最大浓度占标率。

（2）年平均质量浓度变化率，因地方达标规划尚在编制中，故无法获得达标规划目标浓度值，因此，需找到区域削减替代源，并评价区域环境质量的整体变化情况。

（3）大气环境防护距离，计算厂界外大气污染物短期贡献浓度，当短期贡献浓度超过环境质量浓度时，可自厂界向外设置一定范围的大气环境防护距离区域，以确保大气环境防护距离外的污染物贡献浓度满足环境质量标准。

4. 项目噪声评价的主要工作有：

（1）进行工程分析，识别噪声源，并确定源强。

（2）调查声环境保护目标，特别是声环境敏感保护目标，明确声环境保护目标与主要噪声源的空间位置关系。

（3）预测噪声源对声环境保护目标的影响性质和程度。

（4）提出减缓噪声影响的措施。

5. 烧结窑建设运营期减少碳排放的措施：

（1）建设期：①淘汰落后工艺和高耗能、高污染的设备；②制定合理的施工方案，选择低能耗的施工机械，减少施工期资源、能源消耗；③做好厂区绿化设施和施工建设。

（2）运营期：①注重窑炉的密封性，提高炉窑保温性能；②加强炉窑余热回收利用，实现热能阶梯利用；③强化生产管理，最大程度保持最优减污降碳工况，以降低资源能源消耗。

第二题

1. 开发区发展面临的环境制约因素有：

（1）二甲苯环境容量接近饱和。

（2）规划近期，在枯水期已无地表水环境容量，将出现超标现象。

2. 针对“区域环境空气二甲苯浓度持续上升，个别点位浓度值占标率接近90%”的现状，规划环评应开展的工作有：

（1）调查各点位位置及二甲苯浓度值。

（2）调查现有及规划排放二甲苯的污染源数量、位置、二甲苯排放量、排放规律等信息。

（3）预测分析规划近期、远期区域二甲苯浓度。

（4）提出基于控制二甲苯排放的环境准入、产业结构调整、产业规模控制等方面的规划优化调整建议，明确优化调整后排放二甲苯企业的规划布局、规模、建设时序等。

（5）提出开发区现有污染源二甲苯削减目标要求和规划新增污染源二甲苯控制目标要求。

3.（1）大气环境影响预测因子应考虑二次污染物$PM_{2.5}$。

（2）理由：区内新增污染物二氧化硫（SO_2）、氮氧化物（NO_x）排放量之和＝100＋767＝867（t/a）＞500t/a。

4. 针对区域水环境承载力不足，开发区可采取的措施有：

（1）采取清洁生产工艺，提高水的重复利用率，减少水污染物及污水产生量。

（2）对污水处理厂的尾水进行深度处理后作为中水使用，减少外排污水量。

（3）提高出水水质标准，减少污染物排放量。

（4）优化排污口位置，将排污口远离Q河汇入口布置。

（5）对8家水耗高于该市行业平均水平的企业进行工艺改进，降低水耗。

5. 开发区碳减排路径设计可采取的措施有：

（1）严格环境准入制度，禁止不符合碳排放要求的行业、企业进入。

（2）调整涉碳排放产业规模、结构。

（3）采用低碳排放原料替代高碳排放原料。

（4）减少化石能源使用量，利用绿色清洁能源。

（5）关闭自行供热天然气锅炉，实行区内集中供热（采用天然气或其他绿色清洁能源）。

（6）提高资源能源利用效率，降低区内企业单位产值能耗、水耗水平。

（7）规范企业VOCs废气收集、处理，提高收集、处理效率。

（8）区内实行固体废物的节能与低碳化处置。

（9）增大太阳能发电系统在适宜企业的工业厂房屋面安装面积。

第三题

1. 拟建项目的危险物质有 NMP 废气，NMP 废液、电解液，正极生产线设备清洗废水及 NMP 废水。

2. （1）土壤环境现状调查方案确定的监测因子不合理。

（2）理由：其中至少有一个表层样点还需要监测相关标准中规定的基本因子和特征因子，仅监测给出的 8 项因子是不全面的。

3. （1）NMP 冷凝废液量 $=100\times95\%+100\times(1-95\%)\times95\%\times95\%=99.5125$（kg/h）。

（2）NMP 排放浓度 $=(100-99.5125)\times(1-80\%)\times10^6/18000\approx5.42$（$mg/m^3$）。

4. （1）项目废水收集、处理方案不合理。

（2）理由：①COD 浓度$_{总排放口处}=[(20+40)\times140+200\times40+100\times400]/(20+40+200+100)\approx156.67$（mg/L）$>150$mg/L，超过间接排放标准；②磷酸盐浓度$_{总排放口处}=[(20+40+200)\times1+100\times6]/(20+40+200+100)\approx2.39$（mg/L）$>2$mg/L，超过间接排放标准。总排放口处 COD 排放浓度及磷酸盐排放浓度均超标，故废水收集、处理方案不合理。

5. （1）拟建项目产生的一般工业固体废物：废铝箔、废铜箔、软水处理装置废离子交换树脂、未沾染危险废物的废包装材料。

（2）拟建项目产生的危险废物：NMP 废液、废电解液及其他废弃原料、检验不合格品、废活性炭、废转轮分子筛、废水处理站污泥、沾染危险品的废包装材料、检验工序不合格品、化验室危险废物。

第四题

1. 临近大岗保护区段管道采用定向钻敷设方式的合理性：

（1）该段管道在大岗保护区外围经过，距保护区较近，长度为 1 000m，且横跨了湿地汇流区，采用定向钻法敷设方式，最大穿越长度为 1 200m，大于 1 000m，可减小对湿地汇流区的影响，不破坏湿地的水力联系。

（2）穿越深度较大，不会影响穿越处地表的湿地生态系统及植被，并采用环境友好型泥浆，且不在自然保护区内设置永久工程和临时工程，对保护区湿地及鸟类影响较小。

2. 临近大岗保护区段敷管施工过程中的主要生态保护措施：

（1）主要施工场地（出、入土点，泥浆配制间、泥浆池，材料和管材堆放场等）远离大岗保护区布置。

（2）缩窄施工作业带宽度，尽可能减少施工占地。

（3）避开夜间施工，避开候鸟迁徙期 4～5 月和 9～11 月施工。

（4）保护管道沿线涉及鸟类的栖息地与觅食地的农田和虾池。

3. （1）K 分输站场营运期废水主要是生活污水，其主要污染因子有 pH、COD、BOD_5、总氮、氨氮、总磷、悬浮物、阴离子表面活性剂、动植物油、粪大肠菌群数。

（2）应执行的排放标准：生活污水执行排入城镇污水处理厂水质标准；管道试压水执行农田灌溉水质标准。

4. 管道工程设计中，为防范环境风险，临近大岗保护区的管段还应加强管道本质安全的措施有：

(1) 提高设计等级，增加壁厚，加设套管。

(2) 采用优质管材。

(3) 采用高温型加强级三层 PE 管道内外防腐和强制电流阴极保护联合方式。

(4) 采用黏弹体对法兰、阀门等进行防腐保护。

(5) 适当加大管道埋深。

(6) 设防雷、防爆、防静电设施，设置管道标志桩（测试桩）、警示牌及特殊安全保护设施。

5. 生态现状评价中关于大岗自然保护区的工作内容有：

(1) 分析大岗自然保护区生态现状、保护现状、存在的问题；给出保护对象、面积、功能分区与工程位置关系。

(2) 湿地生态系统：分析评价结构与功能状况及变化趋势、完整性、物种多样性。

(3) 保护鸟类及重要物种：分析种群现状、分布特点以及生境质量、连通性、破碎化程度；图示物种及适宜生境分布及工程的空间位置关系；给出东亚鸟类栖息地及迁徙路线，附珍稀濒危鸟类迁徙路线图。

(4) 植被、植物：给出植被类型、面积、分布、植被现状、盖度及空间分布，附植被类型图。

(5) 编制土地利用现状图、生态系统类型分布图等相关生态图件。

第五题

1. 炼焦原料含硫量 $=100\times10^4\times1.33\times0.68\%=9\ 044$ (t/a)；

产品焦炭含硫量 $=100\times10^4\times0.6\%=6\ 000$ (t/a)；

脱硫塔净化后的煤气中的总硫量 $=(9\ 044-6\ 000-143)\times(1-98\%)=58.02$ (t/a)。

2. 依托现有酚氰废水处理站可行。

理由：(1) 本企业技改前，现酚氰废水处理站处理规模为年产焦炭 125 万吨配套建设的，技改后，年产焦炭减少为 100 万吨，说明酚氰废水处理站的处理规模能够满足技改后企业生产规模。

(2) 现酚氰废水处理站设施运行稳定，满足回用水质要求，且无废水排入外环境，且技改前后，酚氰废水性质未发生变化，处理可行。

3. 制定焦炉及煤气净化系统拆除方案应考虑的污染防控要求有：

(1) 应妥善收集处理拆除现场残留废水、拆除产生废水（含清洗废水）、污水、积水，禁止随意排放，防止污染土壤及地下水环境。

(2) 应妥善收集、净化处理设备残留物料产生的有毒有害气体，防止污染大气环境。

(3) 应采取拆迁场地设施高围挡、水雾喷洒、拆除物苫盖、出入车辆清洗、渣土车辆密闭运输、建（构）筑物湿法拆除、建筑垃圾湿法运输作业等防尘措施。

(4) 拆除活动中应尽量减少固体废物的产生，遗留物、拆除物应分类收集、暂存，暂存场所应采取防雨、防渗、拦挡等隔离措施，必要时设置围堰，防止废水外溢或渗漏污染土壤及地下水环境。

(5) 拆除过程残留的焦油等危险废物应妥善收集、处置，防止污染土壤及地下水环境。

4. 项目产生的固体废物有：

（1）除尘系统收集的粉尘，需进行固体废物属性鉴定。

（2）蒸氨塔残渣、焦油渣、洗油再生残渣、高温煤焦油、焦油氨水分离槽残渣、废水池残渣、酸焦油、脱硫废液、炼焦及煤气净化废水处理污泥（不包括废水生化处理污泥）、废矿物油桶、废脱硝催化剂、离子交换树脂及废反渗透膜等，属于危险废物。

5. 开展包气带污染现状调查的主要内容有：

（1）调查现有工程可能对包气带产生污染的构筑物、设施等。

（2）对包气带进行分层取样，样品进行浸溶试验，测试分析浸溶液成分。

（3）调查包气带岩性、分布、结构、厚度、渗透性（渗透系数）等。

第六题

1. （1）干燥废气 G_4 的污染因子有氯苯、二氯二苯砜颗粒物。

（2）干燥废气 G_4 处理方案存在的缺陷：干燥废气 G_4 采用布袋除尘器处理，不能去除废气中的氯苯；应经布袋除尘器处理后采用活性炭吸附工艺。

2. （1）A 方案的特点：有机废气主要组分为 1.2－二氯丙烷、有机酸、氯苯、VOCs 等，A 工艺“碱洗”去除 1.2－二氯丙烷和有机酸，活性炭吸附可去除氯苯及残余 VOCs，确保达标排放。

（2）B 方案的特点：直接燃烧处理易生成新的污染物氯化氢、二噁英等。

综上所述，A 方案优于 B 方案。

3. 在制定项目水环境风险防控应急联动方案时，还需调查的外部环境信息有：

（1）省级化工园区应急响应机制及应急联系方式。

（2）省级化工园区水环境风险防控措施、应急物资储备情况。

（3）园区污水处理厂接纳消防废水、事故废水的专用管道设施布设情况及接纳要求。

（4）园区外临近 A 河地形地貌、与 A 河高程差，A 河、B 河水环境容量，省控断面水质要求。

（5）A 河、B 河可能受影响区域水文情势、水环境保护目标及闸站设置情况。

（6）园区/区域的相关管理部门风险防控要求及应急联系方式。

4. （1）进水项：双氧水含水、脱盐水、蒸汽、低温水。

（2）出水项：工艺废水 W_1 和 W_2、洗涤废水 W_3、真空系统排水 W_4、真空抽滤定期清洗水 W_5。

第七题

1. （1）本项目用水方案不合理。

（2）理由：①项目所在城市为缺水城市，项目近期不应取用地下水，远期不应采用城市供水厂供水；②可利用 H 市第三污水处理厂的中水和 R 河水。

2. 焚烧炉烟气净化系统各处理单元的作用：

（1）SNCR——脱硝。

（2）余热锅炉——回收烟气热能，给烟气降温。

（3）半干法吸收——去除二氧化硫、氯化氢等酸性污染物，并给烟气急冷。

（4）干法吸收——去除二氧化硫、氯化氢等酸性污染物。

(5) 吸附——吸附二噁英、重金属及其化合物等污染物。

(6) 袋式除尘——去除烟气中的烟尘颗粒物及活性炭细粉。

(7) 换热——给烟气升温，为后续 SCR 提供条件。

(8) SCR——脱硝。

3. 台账中要记录的消耗性材料包括氨水、氢氧化钙、碳酸氢钠、活性炭细粉、催化剂、除尘布袋和水。

4. (1) 5 个土壤柱状样点布设位置：半地下柴油储罐区、地面氨水储罐区、垃圾池、渗滤液收集池、渗滤液处理系统。

(2) 厂区柱状样点的最大采样深度大于 12～15m（在渗滤液收集池池底与土壤接触面以下）。

5. (1) 环评文件编制单位判定 NO_2 环境影响可以接受的做法不正确。

(2) 理由：①项目所处的环境空气质量达标区域、不达标区域未知；②还应叠加危险废物焚烧处置厂二期在建的相关污染源贡献值；③还应预测新增污染源正常排放下二氧化氮短期浓度贡献值的最大浓度占标率是否小于等于 100%，新增污染源正常排放下二氧化氮年均浓度贡献值的最大浓度占标率是否小于等于 30%；④应预测二氧化氮 98%保证率日平均质量浓度，而不是二氧化氮 95%保证率日平均质量浓度。

第八题

1. 地表水环境影响评价范围：

(1) A 河：大坝上游 9.3km 处（或 R 水库库区）至汇入溪水江河口。

(2) 20km 输水隧洞。

(3) 红旗水库。

2. 计算 A 河生态需水量应考虑的主要因素有：

(1) 坝下工农业生产和生活需水量（如坝下 10km 处县自来水厂取水口取水量）。

(2) 维持水生生态稳定所需水量，特别是保证鱼类生存繁殖（如鱼类产卵场）所需水量。

(3) 维持河道水质（Ⅱ～Ⅲ类）的最小稀释净化水量。

(4) 河道水面蒸发需水量。

(5) 河道外河岸植被需水量。

3. (1) 从退水环境影响角度，临江市增加供水的环境制约因素有：①清溪县城生活污水排入 A 河，雨水可能流入 A 河，影响 R 水库向红旗水库调水量；②A 河两岸如有农田，应考虑农业退水面源入河污染，影响 R 水库向红旗水库调水量；③B 河为临江市主要排污受纳水体，市区以下河段现状水质仅为Ⅳ～Ⅴ类，不适宜作为临江市增加供水的水源。

(2) 相应的解决对策：①清溪县实施雨污分流，雨水、污水禁止排入 A 河，雨水综合利用，县城生活污水经集中处理后作为中水综合利用；②A 河两岸如有农田，要加强 A 河农药、化肥的科学使用管理，防治农业退水面源污染入河；③切断 B 河污染源，对 B 河进行水环境综合整治。

4. 开展输水隧洞施工期环境影响评价，需关注的主要生态影响有：

(1) 隧洞施工改变地下水流场，影响洞顶云南松林、杞木林、杜鹃灌丛等植被。

（2）弃渣场、施工场地与临时道路占地破坏植被，造成水土流失。
（3）施工扬尘影响周边植被生长。
（4）施工噪声、灯光影响周边野生动物。

2021 年全国环境影响评价工程师
职业资格考试

环境影响评价案例分析

准考证号：________

考生姓名：________

工作单位：________

考生注意事项

1．答题前，考生须在试题册指定位置上填写工作单位、考生姓名和准考证号；在答题卡指定位置上填写考生姓名和准考证号，并涂写准考证号信息点。

2．选择题的答案必须涂写在答题卡相应题号的选项上，非选择题的答案必须书写在答题卡指定位置的边框区域内。超出答题区域书写的答案无效；在草稿纸、试题册上答题无效。

3．填（书）写部分必须使用黑色字迹签字笔或者钢笔书写，字迹工整、笔迹清楚；涂写部分必须使用 2B 铅笔填涂。

4．考试结束，将答题卡和试题册按规定交回。

☆说明：从一至八题中任选六题作答，每题 20 分，共 120 分

第一题

某牧业集团拟在南方某县新建一座年出栏 6 万头仔猪的繁育场。繁育场分生产区、辅助区、管理区、隔离区和粪污处理区等 5 个功能区。其中生产区建设配种舍、妊娠舍、分娩舍、保育舍、公猪舍、后备舍等猪舍；辅助区建设供水、供电、维修、饲料加工和贮存等设施；管理区建设办公技术用房、职工生活用房、食堂、人员车辆消毒设施等；隔离区建设兽医室、隔离舍、病死猪暂存冷库、危废暂存库等；粪污处理区建设有机肥加工车间、黑膜沼气池、沼液暂存池、沼气柜等设施。

繁育场采用“配种→妊娠→分娩哺乳→仔猪保育”四阶段流水作业，以“周”为节律滚动平衡生产，每年按 52 周计。空怀母猪在配种舍群养 4 周，完成配种和孕验；确认妊娠的母猪转入妊娠舍限位饲养 12.5 周后，在产前 1 周转入分娩舍；母猪分娩后，在分娩舍哺乳 4 周，仔猪断奶；断奶仔猪转入保育舍，培育 6 周后出栏。繁育场处于正常繁殖周期的基础母猪 3 000 头，生产指标为基础母猪年均产仔 2.2 窝、每窝活仔 10.5 头、哺乳仔猪成活率 92%、保育仔猪成活率 95%。繁育场包括种公猪、后备猪在内的年存栏总数 16 308 头，全年出栏仔猪 60 632 头，转入牧业集团的商品猪育肥场继续饲养。

繁育场采用雨污分流、干清粪方法从源头减少废水产生量。粪污经猪舍地缝落入地坑后利用重力进行固液分离，液体粪污与冲洗废水一并通过管道送往粪污处理区，经格栅过滤后进入黑膜沼气池厌氧消化产沼气、沼液、沼渣；沼气经气水分离、干法脱硫后送沼气柜贮存，再经管道送有机肥加工车间烘干工序和管理区食堂作为燃料利用，多余沼气火炬排空；沼液进入大容量暂存池，施肥季通过自建管道送附近的协议果园作为液体肥利用；沼渣与固体粪污、格栅渣、饲料残渣等一并送有机肥加工车间，掺入在该车间粉碎后的秸秆等辅料并引入菌种混合后，在堆肥区采用条垛堆积、定期机械翻动方式完成一次好氧堆肥，再经过静态陈化完成二次堆肥，两次堆肥后已完全腐熟的产物先圆筒造粒再通入沼气燃烧热风烘干，产出合格的固体有机肥外售。

繁育场有机肥加工车间堆肥区封闭并负压抽风，臭气通过生物滤池净化后排放。环评文件编制单位在分区防渗的基础上，按《地下水环境监测技术规范》（HJ 164—2020）的要求制定了场区地下水跟踪监测方案。

注：猪当量为用于衡量畜禽氮磷排泄量的度量单位，1 头生猪为 1 个猪当量。按体重折算，5 头保育仔猪等于 1 头生猪。

问题：

1. 计算存栏保育仔猪的猪当量。
2. 为核算沼液利用的土地承载力，需收集果园的哪些信息？
3. 指出校核沼液暂存池有效容积应考虑的因素。
4. 针对有机肥加工车间其他废气污染源，推荐可行的治理措施。
5. 简述项目选址环境合理性论证的主要内容。

第二题

为满足工业用汽和采暖用热需求，某经济开发区拟实施热电联产工程，并协同处置城镇污水处理厂污泥。建设内容包括：3×280t/h 循环流化床锅炉（2 用 1 备）和 2×30MW背压式热电联产机组（1 炉 1 机配置）等主体工程；全封闭条形煤场、污泥干化车间、灰库、渣仓、氨水储罐、柴油储罐等储运工程；给排水、变配电、化学水处理、冷却塔等公辅工程；烟（废）气、废水处理等环保工程。工作制度为：1 台机组为工业用户提供工业用汽，年利用小时数 6 500h；1 台机组为采暖用户提供采暖用热，年利用小时数 2 880h。工程投产后，将替代供热范围内 10 台燃煤小锅炉。

污泥干化车间设 1 座污泥仓和 1 台圆盘干燥机，处理能力为 5t/h（湿基），年利用小时数 6 500h。来自城镇污水处理厂含水率 80%的污泥先暂存在污泥仓内，后通过加料机送入圆盘干燥机进行干化处理，得到含水率 40%的干污泥（收到基低位发热量 6 300kJ/kg）。干燥机以自产蒸汽（约 160℃）作热源，采用间接加热方式。

污泥干化车间配建 1 套干燥废气处理装置和 1 套废水处理装置。污泥干燥废气采用“旋风除尘＋冷凝”工艺处理，不凝气送锅炉燃烧，冷凝废水送废水处理装置处理，处理工艺为“调节＋气浮＋两级 A/O＋二沉＋过滤”。

本工程采用当地煤作燃料（收到基低位发热量 21 000kJ/kg），并掺烧少量干污泥。干污泥由皮带输送机送至上煤点与破碎后的煤掺混后送锅炉燃烧。经测算，单台锅炉耗煤量 36t/h（未考虑掺烧污泥），标态干、湿烟气量分别为 82.7Nm³/s、90.2Nm³/s（含氧量 6%）。掺烧污泥、不凝气后，烟气量和锅炉热效率基本无变化。

3 台锅炉各自配有独立的烟气净化系统，净化工艺均为：低氮燃烧＋炉内 SNCR 脱硝＋静电除尘器预除尘＋烟气循环流化床半干法吸收塔脱硫＋布袋除尘器除尘。其中脱硝效率不低于 60%，脱硝还原剂为氨水（配 2 座 30m³ 氨水储罐）；静电除尘器和布袋除尘器的除尘效率分别为 97%和 99.95%；吸收塔的脱硫效率为 98%，脱硫剂为消石灰。锅炉烟气经烟气净化系统处理后由 1 座高 150 m、出口内径 3.5 m 的单管烟囱 S1 排放，烟气排放温度 90℃。

除灰渣系统采用干出灰、机械出渣的灰渣分除处理工艺，设计灰渣比 6∶4。单台锅炉炉渣产生量 3.2t/h，半干法脱硫系统新增烟尘量（进入布袋除尘器前）2.4t/h（掺烧污泥所造成的灰渣和烟尘量的变化，可忽略不计）。

经调查，本工程所在地区为环境空气不达标区，不达标因子为 NO_2，当地政府已编制了环境空气限期达标规划。达标规划给出了污染源清单和削减源清单，模拟了达标规划实施后的浓度场。达标规划的污染源清单未包含本工程，削减源清单未包含被替代燃煤小锅炉。环境空气评价范围内无在建和拟建污染源。

环评文件编制单位确定本工程大气环境影响评价工作等级为一级，给出的 NO_2 预测评价内容包括：a. 采用进一步预测模型计算本工程 NO_x 排放源正常排放情况下 NO_2 短期浓度和年均浓度；b. 采用本工程贡献浓度减去被替代燃煤小锅炉的贡献浓度，并叠加环境质量现状浓度得到项目投产后 95%保证率 NO_2 日平均浓度。编制单位给出的本工程正常排放条件下 NO_x 排放源部分参数见表 2。

表 2　本工程 NO_x 排放源部分参数表

名称	排风筒高度 (m)	排气筒出口内径 (m)	烟气流速 (m/s)	烟气温度 (℃)	年排放小时数 (h)
S1	150	3.5	3×11.4	90	6 500

环评文件编制单位核算了本工程碳排放量（不考虑掺烧污泥、不凝气产生的碳排放量），其中煤单位热值含碳量为 26.44×10^{-3} tC/GJ（对应收到基低位发热量），碳氧化率为 98%。

问题：

1. 计算本工程烟尘排放浓度和年排放量。
2. 指出湿污泥干化尾气冷凝废水的主要污染物。
3. 表 2 中烟气流速和年排放小时数取值是否正确？说明理由。
4. 编制单位 NO_2 预测评价内容是否合理？说明理由。
5. 计算本工程掺烧污泥替代煤的 CO_2 年减排量。

第三题

某新建 3 000 吨级成品油码头项目位于西南某省桃江右岸规划的港口岸线利用区，占用岸线 140m，由码头平台、系缆墩、栈桥、控制楼、输油管线等组成。码头平台长 50m、宽 15m，水工结构采用透水高桩梁板型式，布置有 4 台输油臂、2 个消防塔。系缆墩为 6m×6m 的高桩墩台，分别位于码头平台上、下游水域，每侧各 2 个。栈桥用于连接码头平台与陆域，桥长 16m、宽 4.5m。控制楼为 2 层建筑物，位于临岸陆域，设有装卸控制中心和环境应急物资用房，楼外设消防水池、泡沫罐和油气处理装置。输油管线沿码头平台、栈桥敷设并与陆域埋地输油干管相连，连接处设紧急截断阀。成品油储存依托后方相距约 1 200m 的油库工程（陆域埋地输油干管和油库工程均已建成，不属于本项目建设内容）。

桃江现有主航道满足 3 000 吨级成品油船通航条件，油船锚泊利用河流下游 16km 的已有危险化学品锚地。因吃水条件不足，码头前沿的港池和回旋水域需采用挖泥船进行水下土方开挖，开挖面积 $0.6\times10^4m^2$，挖出的泥沙用于附近工业区场地平整回填。为保持码头区岸滩稳定，部分岸滩在完成表层清理、削坡处理后，需抛石防护，防护面积 $0.1\times10^4m^2$。水工桩基采用钻孔灌注桩，钻孔前设置钢护筒，桩底嵌入中风化岩层，钻孔泥浆送陆域干化后再用于周边工业用地回填。桩基施工时搭设水上施工平台。码头设计装卸能力 $33\times10^4t/a$（其中汽油卸船 $15\times10^4t/a$、柴油卸船 $12\times10^4t/a$、汽油装船

6×10^4 t/a），每次作业只安排一艘油船靠泊。油品装卸流程：油舱↔输油臂↔平台及栈桥输油管↔紧急截断阀↔陆地输油干管↔油库（油品装船和卸船流向相反）。用于卸船的输油管3根，管径均为DN250，其中2根输送汽油，1根输送柴油，单根卸船流量均为$200m^3/h$；用于装船的输油管1根，管径DN200，装船流量$100m^3/h$。

装船作业时，船舱内挥发的油气经船舱呼吸孔、船上管道收集后，引入控制楼外的油气处理装置，采用“冷凝＋吸附”工艺进行处理，处理后的尾气经15m高排气筒排放。油气处理装置的非甲烷总烃（NMHC）的去除率和排放浓度满足《储油库大气污染物排放标准》（GB 20950—2020）的规定。卸船时产生的油气依托油库工程处理。

码头平台外缘有10cm高混凝土集水围坎，梁板下方有集水池，用于收集码头平台区初期雨水，兼做码头平台面少量溢油的事故应急池。到港船舶油污水、集水池内污水和控制楼生活污水泵送油库工程配套的环保设施处理。

桃江自南向北流，码头所在河段河道较顺直，河宽约300m，岸滩分布点状或连片的辣蓼、喜旱莲子草等植物。根据近年调查资料，桃江有鱼类55种，码头所在河段有底栖生物17种；码头下游10km范围内没有大型鱼类产卵场、越冬场、索饵场，无饮用水水源保护区、水生生物自然保护区、水产种质资源保护区和渔业养殖区；码头周边500m范围没有集中居民区。环境质量现状调查显示，桃江评价范围河段现状水质达到《地表水环境质量标准》（GB 3838—2002）Ⅲ类标准；所在区域为环境空气达标区，补充监测的NMHC浓度低于《大气污染物综合排放标准详解》提出的$2.0\ mg/Nm^3$限值。

环评文件编制单位判定本项目为水文要素影响型建设项目，按照码头平台投影面积确定了地表水环境影响评价工作等级。按照行业技术规范《水上溢油环境风险评估技术导则》（JT/T 1143—2017）、《港口建设项目环境影响评价规范》（JTS 105—1—2011）确定了地表水环境风险评价等级为一级，预测分析了码头事故溢油对桃江的影响，并根据预测结果提出水上溢油应急物资配置和环境风险应急预案编制原则要求。

问题：

1. 本项目地表水环境影响评价工作等级判定考虑的因素是否完整？说明理由。
2. 识别码头施工期的水生生态影响，给出减缓影响的措施。
3. 指出运营期环境监测计划中大气污染源监测点位。
4. 针对输油管线事故泄漏情形，计算事故泄漏量时应考虑哪些参数？
5. 分析本项目污染物依托油库工程环保设施处理的可行性，需调查哪些内容？

第四题

某新建的输油管道工程位于Q市，设计输油规模 1 000×10^4 t/a，全长 55.1km，管道材质为 L415MPSL2 直缝埋弧焊钢管，管径 DN711mm，设计压力 6.3MPa。全线设首站、分输清管站和末站 3 座站场和 1 个截断阀室。管道路由为：东起设在D港区原油油库内的首站，向西敷设 5km 后折向南，再敷设 20.1km 到达分输清管站；从分输清管站继续向南敷设 15.3km 至截断阀室；从截断阀室向南再敷设 14.7km 至H炼化厂内的末站。

管道工程永久占地 8 132m^2，用于布置站场和"三桩"（里程桩、转角桩、标志桩）；临时占地 1.45×10^6 m^2，用于布置施工带（宽度 18m）和施工便道（总长 14km）。管材防腐采用双层 PE，管道壁厚 8.8mm，穿越河流等特殊敷设段采用三层 PE，并将壁厚增加至 11.9mm，全线设阴极保护。根据地貌地质特征及地面既有设施情况，管道敷设施工方法有挖沟法、顶管法和定向钻法。其中，挖沟法应用于管道经过的平原区和丘陵区，包括一段 3.8km 的一般林地段和一段 0.7km 的公益林区段；顶管法应用于管道穿越等级公路和铁路，包括 1 条等级公路和 1 条铁路；定向钻法应用于管道穿越河流和引水干渠，包括 1 条中型河流和 1 条引水干渠。挖沟法施工的管道埋深为管道的管顶距地面 1.2m。顶管法施工的最大穿越深度为 5m，最大穿越长度 100m。定向钻法施工的最大穿越深度为 15m，最大穿越长度 1 200m，施工场地设在河流或干渠两岸的出、入土点附近，布置有泥浆配置间、泥浆池、材料和管材堆放场及定向钻机等。

站场工艺包括输油和清管两个流程。输油流程：来自油库的原油通过首站输油泵输送至分输清管站，再通过分输清管站内的分输阀组和输油泵，输送至末站；末站接收的原油，经过滤、计量后，通过输油泵输送至H炼化厂储罐。清管流程：采用清管球去除粘附在管道内壁上含有岩屑的蜡质油泥等附着物，清管球由设置在分输清管站内的发送设施发出，由设置在末站的接受设施接收。管道全线设智能检测监控系统（SCADA），在截断阀室设有阀组间，配 1 个远控切断阀，在首站、分输清管站和末站均设有进、出站紧急切断阀（ESD）。

拟采取的生态保护措施：挖沟法施工采用分层开挖、分层堆放、分层回填和施工带临时占地植被恢复等措施。顶管施工采用弃渣土处置措施。定向钻施工采用及时清理机械设备漏油、异地处置废弃泥浆等措施。管道试压废水经沉淀处理后排入附近河沟。

拟采取的污染防治措施：3 座站场均设 1 台 $10m^3$ 的卧式污油罐和 1 台污油泵，收集泄压或检修产生的污油。各站场输油泵均采用减振基础。分输清管站和末站各设置 1 处 $10m^2$ 的危险废物暂存间，暂存检修产生的含油抹布、污油及清管废物（末站）。首末站均设一座 $50m^3$ 的含油污水池和一座 $10m^3$ 的生活污水暂存池，污水处理分别依托油库和 H 炼化厂的污水处理设施。在分输清管站和截断阀室配备干粉灭火器等消防设施，全线抢、维修和溢油应急均依托油库和 H 炼化厂的应急物资库配备的溢油围拦堵排设施和物资。

管道工程沿线主要经过平原区，土地现状多为农田，主要种植高粱、玉米和小麦等农作物；有 7km 管线经过丘陵区，土地现状为林地和农田，林地主要分布有杨树、槐树、松树等乔木。全线评价范围无珍稀濒危野生动植物分布，河道两侧及田间多分布灌丛和草本植物。引水干渠为自西向东流向，在当地生态保护红线区块登记表上被列为饮用水源保护红线区，保护范围为输水渠道的水域和两岸堤坝背水面坡角外延 30m 范围内的陆域。干渠在管道穿越处下游 55km 汇入 M 水库。每年 5～7 月、12 月至次年 2 月干渠输水量较少。

根据土地类型、占地面积、项目类别等，环评文件编制单位初步判定分输清管站土壤环境影响评价工作等级为二级。可研文件载明该站占地内工艺设施、输油管道及仪表控制室等均在地面布置，站界处的进、出站管道埋地敷设。

问题：

1. 列出末站工艺废气排放源，并提出控制措施。

2. 给出分输清管站场内土壤调查 3 个柱状样点和 1 个表层样点的布设方案和特征监测因子。

3. 针对引水干渠穿越段还应补充哪些施工期水环境保护措施？

4. 给出公益林区段生态环境影响最小的管道敷设替代方案，并说明理由。

5. 说明管道经过的一般林地段生态恢复内容。

第五题

某钢铁联合企业包括烧结、球团、炼铁、炼钢及热轧等主要生产工序，目前已形成年产烧结矿 1 155×10^4 t/a、球团矿 120×10^4 t/a、生铁 589×10^4 t/a、钢坯 660×10^4 t/a 以及钢材 650×10^4 t/a 的生产规模。

烧结工序现有 3 台 120m^2烧结机（近期 1 台已停产）和 4 台 180m^2烧结机，其中产能为 358×10^4 t/a 的 3 台 120m^2烧结机因漏风率大、能耗高，企业拟将其拆除。拆除后，企业在厂区内北厂界旁已废弃的杂品库位置建设 1 台 360m^2烧结机，技改前后烧结工序的产能保持不变，项目拟于 2021 年底投产。

按照《关于推进实施钢铁行业超低排放的意见》（环大气〔2019〕35 号）要求，企业已于 2020 年开始对全厂原料系统、保留的烧结机、球团竖炉及炼铁系统进行超低排放改造工作，计划在 2021 年 8 月之前完成。

烧结机是将含铁原料配入燃料和熔剂烧结成矿的设备，其产品烧结矿是高炉炼铁的主要原料。烧结工序的主要生产工艺流程为：将来自不同产地的铁精矿粉配比成混匀矿，并与高炉返矿、各工序收集的除尘灰等含铁杂料，以及焦炭、石灰石、白云石、石灰等燃料和熔剂混合造球，之后均匀布在铺有底料的烧结机台车上，采用高炉煤气对烧结料面进行点火，在烧结机台车下设抽风机进行抽风（收集的烟气即为机头烟气），使物料自上而下逐渐燃烧，台车缓慢行进至烧结机机尾时，混合料全部熔融并固结成块。机尾落料后先进行热破碎，再进入环冷机鼓风冷却，环冷机设有余热回收。冷却后的物料进入整粒筛分系统，将粒径小于 5mm 的粉矿返回配料重新进入烧结过程，粒径在 5～10mm 的物料进入成品仓，粒径在 10～20mm 的物料部分作为烧结机铺底料使用，剩余部分进入成品仓，粒径大于 20mm 的大块物料直接进入成品仓，成品仓中的烧结矿送炼铁工序使用，不在本工序贮存。

$360m^2$烧结机物料带入的总硫量为 3 577.32t/a，其中 15%的硫进入烧结矿，剩余部分进入烧结机机头烟气。机头烟气设计排气量为 2 830Nm^3/t 烧结矿，设计含氧量为 17%，采用双室四电场静电除尘器＋活性焦脱硫脱硝一体化装置净化后排放。活性焦脱硫脱硝一体化装置主要包括吸附塔和解析塔，吸附塔内的活性焦富集硫后进入解析塔通过加热进行解析，富硫气体引至制酸系统制硫酸。双室四电场静电除尘器装置的除尘效率为 99.9%、除尘灰中带走硫量 23.55t/a。活性焦脱硫脱硝一体化装置脱硫、脱硝效率分别为 96%和 80%。烧结机配料、机尾落料、整粒筛分及转运等处收集的废气均采用覆膜布袋除尘器净化后排放。

技改项目无废水排放。项目除尘设施收集的除尘灰返回烧结配料利用，机械设备使用后产生的废油桶送炼钢工序利用，活性焦脱硫脱硝一体化装置产生的碎活性焦返回高炉替代部分喷煤利用，机械设备废润滑油和制酸系统产生的废催化剂外送。风机、破碎机及水泵等产噪设备均设有隔声及消声措施。

经调查，企业东厂界外 190m 处分布有 1 座村庄，北厂界外 150m 和 500m 处各分布 1 座村庄；企业所在的省级开发区钢铁精深加工产业园区属大气污染重点控制区，现有 2 个拟搬迁的企业。

环评文件编制单位判定项目的声环境影响评价范围为厂界外 200m、土壤环境影响评价工作等级为二级。为设置土壤环境现状监测点位，编制单位收集了区域土壤类型、当地主导风向和厂区的平面布置情况，调查了厂区污水处理站、危险废物暂存间等易造成垂直入渗装置位置。编制单位确定的土壤监测项目包括基本因子和本项目的特征因子二噁英。

按照大气污染重点控制区的环境管理要求，对项目排放的颗粒物、二氧化硫及氮氧化物实行现役源的 2 倍量削减。

注：①《关于推进实施钢铁行业超低排放的意见》（环大气〔2019〕35 号）中烧结机机头烟气中颗粒物、二氧化硫及氮氧化物超低排放限值要求分别为 10、35、50 mg/m^3，基准氧量为 16%，烧结机机尾及其他生产过程排放颗粒物的超低排放限值要求为 10mg/m^3。

②《钢铁烧结、球团工业大气污染物排放标准》（GB 26688—2012）及 2020 年修改单中的污染物包括颗粒物、二氧化硫、氮氧化物、氟化物和二噁英类。

问题：

1. 给出技改项目颗粒物、二氧化硫及氮氧化物的现役源削减方案。
2. 评价 $360m^2$烧结机机头烟气二氧化硫排放达标情况。
3. 给出对环境敏感点进行声环境影响评价的工作内容。
4. 指出技改项目产生的危险废物。
5. 为合理设置土壤环境现状监测点位，还应收集哪些基础信息？

第六题

西南地区A江干流下游（河段总长150km）为地方通航河段。现已建有3座航电枢纽工程，均采用河床径流式开发。根据A江干流下游航运发展规划，拟提升该河段的航道等级，规划方案为：近期对已建3座航电枢纽进行提标改建，远期在已建的最下游两座航电枢纽之间规划新建1座航电枢纽，最终形成4级开发的规划布局（自上游向下的第一、二、四级为改建，第三级为新建）。现拟首先对第二级航电枢纽进行改建，并开展改建工程环境影响评价工作。

第二级航电枢纽现有工程于上世纪80年代末建成并通航发电，坝址位于A江河口上游约80km处，与第一、第三（规划）、第四级航电枢纽坝址间距离分别为31km、28km、65km，坝址处多年平均流量388m^3/s。坝址上游约13km右岸有支流B汇入，支流B河道全长70.8km，河口处多年平均流量17.9m^3/s。枢纽建筑物由船闸、溢流坝、泄洪冲沙闸和发电厂房组成，最大坝高8.9m，船闸等级为Ⅵ级，电站装机容量12.8MW。水库正常蓄水位260.2m，无调节性能，干流回水长度25.2km，支流B回水长度9km。上游来水主要通过发电机组下泄，船只过闸时用水量可忽略不计；当来水流量大于最大发电流量时，多余水量经溢流坝或泄洪冲沙闸下泄。

工程的改建方案为：发电厂房和发电机组维持现状不变，船闸提标改造为Ⅳ级，将原溢流坝、泄洪冲沙闸拆除后改建为泄洪冲沙闸全闸坝，并增加坝高2.8m。工程改建后水库正常蓄水位263.0m，干流回水至第一级枢纽坝下，支流B回水长度增加4.2km。同时，工程增设死水位262.5m，水库进行日调节运行，日内库水位在正常蓄水位和死水位之间变化；上游来水仍主要通过发电机组下泄。此外，因现有工程坝前区域泥沙淤积较为严重，改建工程设计提出在原坝拆除时进行清淤，清除出的淤泥外运用于农田造地或建设用地回填。

A江干流下游航运发展规划环评结论显示：历史记载的A江下游鱼类种类丰富，生态类群多样，部分鱼类具有洄游习性；已建航电枢纽工程阻隔了部分鱼类洄游和种质交流，使鱼类生境片段化，近年来鱼类种类和资源量均有所减少。为此规划环评从流域角度提出了远期拟建的第三级枢纽需在流域受损水生生态系统得到有效修复的前提下方可实施的规划优化调整建议，并拟定了保护鱼类生境、恢复河道连通性、补偿鱼类资源等鱼类保护措施体系。

改建工程环评文件编制单位调查显示：现有工程因建设时间较早，建设时未开展环境影响评价。经过长期的自然恢复过程，工程临时占地区及周边陆域植被恢复良好。支流B生境条件较好，是A江下游除干流外鱼类的主要分布水域，于2012年被批准建立为国家级水产种质资源保护区，其中河口段25km为实验区，以上为核心区，主要保护对象为流域主要经济鱼类翘嘴鲌，翘嘴鲌为我国广布种，喜栖息于宽大水体中，具有生殖洄游习性，5～6月在流水或缓流浅水区产卵，卵具黏性，鱼苗孵化时对水位的稳定性有一定要求。翘嘴鲌产卵场在B河主要分布于水产种质资源保护区核心区，在实验区的库区河段也有零星分布。

问题：

1. 给出改建工程水生生态影响评价范围。
2. 给出现有工程地表水环境影响回顾性评价重点内容。
3. 为分析改建工程对翘嘴鲌产卵繁殖的影响，还需重点开展哪些生态调查？
4. 为判断清除出的坝前淤泥处置方式的合理性，应开展哪些工作？说明理由。
5. 提出改建工程应采取的鱼类保护措施，说明理由。

第七题

某企业拟在省级工业园区内新建年产 5×10^4 t/a 的丁苯/丁腈胶乳项目，主要建设内容包括：原料准备、聚合、汽提、调整、过滤、冷却、灌装等生产单元；丁二烯罐区（球罐），苯乙烯、丙烯酸、丙烯腈等液体原料罐区，产品罐区，原料和产品仓库等贮存设施；脱盐水站、制冷站、循环水系统、真空系统、质检研发中心、办公楼等公辅设施；废气和废水处理装置、固废仓库、事故水池、火炬等环保设施；以及 2 条长 1.5km，分别连接园区苯乙烯和丁二烯供应企业与项目罐区之间的原料输送管线。项目所需水、电、蒸汽、天然气等均由园区供应。

丁苯胶乳生产工艺见图 7。单体苯乙烯、丁二烯、丙烯酸和甲基丙烯酸甲酯（MMA）、助剂、脱盐水等按配比加入聚合釜，在引发剂作用下发生聚合反应，形成分散于水中的聚合物乳液；乳液经蒸汽汽提脱除未反应的单体后，加入助剂调整组分、再经振动过滤和冷却，得到的合格产品送储罐储存或灌装装桶。丁腈胶乳生产时用丙烯腈替换苯乙烯，胶乳生产为序批式作业，密闭操作。

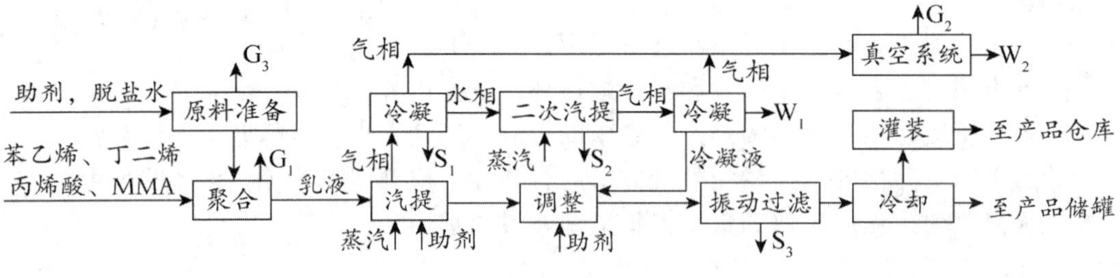

图 7　丁苯胶乳生产工艺流程示意图

项目设原料准备间，进行小包装固体和液体助剂的溶解、计量和调配，再经管道将助剂送至各使用点：桶装 MMA 等原料在装置区用桶泵加入设备。真空系统设置水环真空泵，为汽提塔和二次汽提塔提供所需真空。汽提塔顶的气相经冷凝得到的冷凝液在冷凝液罐分层去除未反应单体（油相 S_1），水相送二次汽提塔。二次汽提冷凝液回用于调整工序，剩余部分作为废水 W_1 处理，塔釜产生的少量聚合物 S_2 装桶。

聚合及后续工序均设有密闭过滤器和质控采样点，质检研发中心承担原料和样品的性能测试，并进行胶乳系列产品的研发工作，质检后废样品作危废处置。

每批次产品生产完成后，对管线设备进行氮气置换和脱盐水清洗，清洗水回用至生产系统；生产 5 个批次后，采用高压水枪冲洗聚合釜除垢，产生冲洗水 W_3。

设计方案提出 VOC_S废气控制措施为：聚合釜废气 G_1、真空系统废气 G_2、冷凝液罐及各类中间罐废气、氮气置换气和储罐小呼吸废气均通过管道输送至废气缓冲罐，再经直燃式废气焚烧（TO）＋选择性催化还原装置（SCR）处理后由 $1^{\#}$ 排气筒达标排放，SCR 还原剂为氨水。储罐配套平衡管和干式快接头，控制槽车卸料大呼吸。

原料准备操作区按规范设置有集气系统，质检和研发等操作在通风柜内进行，收集的配料废气 G_3 和质检研发废气分别经对应的活性炭吸附装置处理后，由各自排气筒达标排放。项目选用了密闭性好的设备与管线组件，制订有投产后泄漏检测修复（LDAR）计划，并配套了聚合釜超压安全阀放散收集、火炬引燃及工作状态监控设施等事故废气应对措施。

根据《石油化学工业污染物排放标准》（GB 31571—2015），含苯系物、含氰化物废水应单独收集、储存并进行预处理，企业拟用管道将剩余的二次汽提冷凝液 W1 和真空系统废水 W_2 输送至密闭的废水处理站，通过调节均质、絮凝沉淀、二沉、砂滤和活性炭吸附处理后，再与聚合釜冲洗水 W_3、研发废水、循环水和脱盐水系统排水、生活污水混合后，达标纳管进入园区污水管网。废水处理站产生的污泥经压滤、干化后装袋送固废仓库中的危废暂存间。项目各类危废均在危废暂存间密闭暂存。

环评文件编制单位根据生产装置、罐区、原料和产品仓库、废水处理站的物料情况和在线量计算了 Q 值；按聚合工艺和液体原料罐区计算了 M 值；根据项目周边 5km 范围内人口总数，判断了大气环境敏感程度等级，据此确定出项目大气环境风险潜势。

注：丙烯腈为高毒物，丙烯酸及 MMA 具有刺激性气味，单体均为易燃物料。助剂包括引发剂、乳化剂、链转移剂、终止剂、配位剂、消泡剂、中和剂、杀菌剂、还原剂、表面活性剂、催化剂、阻聚剂等，在不同操作环节根据需要加入。丁苯胶乳水含量约为 50%，不属于挥发性有机液体。

问题：

1. 指出 1# 排气筒的特征污染物因子。
2. 说明项目需补充的 VOCs 控制措施。
3. 大气环境风险潜势的确定内容是否完整？说明理由。
4. 项目废水处理方案是否可行？说明理由。
5. 给出生产单元和环保设施产生的危险废物。

第八题

A 企业拟建年产 4×10^5 张牛皮革项目。项目建设内容包括牛皮加工车间、废水处理站和固废临时贮存设施等。生牛皮经脱脂脱盐、浸灰、片皮、脱灰软化、酸浸铬鞣、复鞣、染色、涂饰等工序制成成品皮革。其中，浸灰—酸浸铬鞣段工艺流程见图 8。

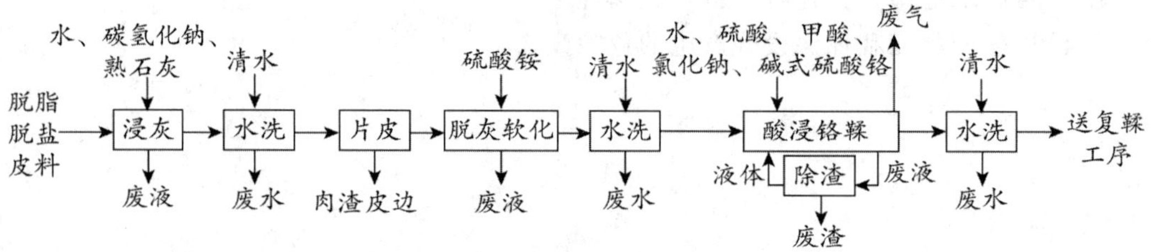

图 8 浸灰—酸浸铬鞣段工艺流程

浸灰—酸浸铬鞣段有废液和清洗废水产生，废水（液）产生情况见表 8。项目设 2 套废水预处理装置，分别处理浸灰废液及清洗废水、酸浸铬鞣清洗废水。酸浸铬鞣工段有废气产生，采用水喷淋净化方法处理。片皮、酸浸铬鞣工段及废水预处理装置有固体废物产生，项目设符合环保要求的一般工业固废和危废临时贮存库，临时贮存相应的固体废物。预处理后的生产废水与其他生产废水一并送全厂废水处理站，经二级生化处理达标后排入 R 河。

表 8 浸灰—酸浸铬鞣段废水（液）产生情况

废水类别	水量 (m^3/d)	pH	BOD_5 (mg/L)	COD (mg/L)	Cr^{3+} (mg/L)	硫化物 (mg/L)	氯化物 (mg/L)
浸灰废液及清洗废水	67	13	12 000	30 000	—	3 000	500
脱灰软化废液及清洗废水	113	6	2 000	5 000	—	120	500
酸浸铬鞣清洗废水	26	4	160	600	4 000	—	4 000

R 河 A 企业拟建排放口所在断面多年平均流量为 $40m^3/s$，10 年一遇枯水月平均流量为 $6m^3/s$，当年 11 月至次年 2 月为枯水期，5 月至 9 月为丰水期，水质执行《地表水环境质量标准》(GB 3838—2002) Ⅳ类水质标准。

A 企业于 2021 年 2 月初委托开展环评工作。环评文件编制单位（以下简称编制单位）收集有 R 河本项目拟建排放口上游 500m、下游 2 500m 水质监测断面的历史水质监测资料，监测时间为 2020 年 6 月 13～15 日，监测项目包括水温、pH 值、溶解氧、五日生化需氧量、高锰酸盐指数、化学需氧量、氨氮、总磷、阴离子表面活性剂、粪大肠菌群、硝酸盐氮。经调查，两个水质监测断面之间无取水口和其他排放口。

编制单位拟利用现有资料进行地表水现状评价，不进行水质补充监测。

问题：

1. 指出酸浸铬鞣工段废气中的主要污染物，并给出可供比选的废气净化方法。
2. 简要说明浸灰废液及清洗废水、酸浸铬鞣清洗废水分别预处理的合理性。
3. 本案中一般工业固废临时贮存库可接纳哪些固体废物？
4. 编制单位“利用现有资料进行地表水现状评价”的做法是否正确？列举理由。

参考答案

第一题

1. 存栏保育仔猪的猪当量＝3 000×2.2×10.5×92％×95％×（6/52）/5≈1 398（个）。
2. 需收集果园的信息有：

   （1）果树：品种、果园面积、种植密度、果品产能、单位面积或单位产能养分需求量。

   （2）土地：类型、不同类型面积、土体构型、肥力或质地、单位面积养分供给量。
3. 校核沼液暂存池有效容积应考虑的因素有年存栏猪当量、粪污产生量、固液分离效率、液体粪污与冲洗废水产生量、厌氧消化反应效率、沼液产生量、沼液贮存时间。
4. 其他废气污染源主要有秸秆粉碎、掺混、造粒、烘干。可行的治理措施有：负压抽风、袋式除尘过滤、生物滤池。
5. 项目选址环境合理性论证的主要内容有：

   （1）与土地利用、畜牧业发展等相关规划的相符性。

   （2）与禁养区、限养区划定的管理要求的相符性。

   （3）与生态保护红线管控要求的相符性。

   （4）与饮用水水源保护区等环境保护目标的方位和距离防控要求的相符性。

第二题

1. 单台锅炉出灰量＝3.2/4×6＝4.8（t/h）。

   单台锅炉烟尘排放量＝［4.8×（1－97％）＋2.4］×（1－99.95％）＝0.001 27（t/h）。

   本工程烟尘排放浓度＝0.001 27×109/82.7/3 600＝4.27（mg/m^3）。

   本项目烟尘年排放量＝0.001 27×（6 500＋2 880）＝11.91（t/a）。
2. 湿污泥干化尾气冷凝废水的主要污染物有 pH、SS、COD、BOD、氨氮、总氮、硝酸盐氮、硫化物、硫酸根。
3. （1）烟气流速的取值不正确。

   理由：3 台锅炉的烟气流速均为 11.4m/s，表 2 中取值表述有误。

   （2）年排放小时数的取值正确。

   理由：锅炉烟气年排放小时数按年利用小时数最高（6 500h）计取。
4. 编制单位 NO_2 预测评价内容不合理。

   理由：大气环境影响评价工作等级为一级，叠加环境质量现状浓度得到项目投产后 95％保证率 NO_2 日平均浓度的计算，不符合《环境影响评价技术导则　大气环境》中“预测评价叠加环境空气质量现状浓度后主要污染物的保证率日平均质量浓度的达标情况”。
5. 掺烧干污泥的量＝5×（1－80％）/（1－40％）＝1.67（t/h）。

   掺烧干污泥后耗煤量＝（36×21 000－1.67×6 300）/21 000＝35.5（t/h）。

   减少煤炭消耗量＝36－35.5＝0.5（t/h）。

   CO_2 年减排量＝26.44×10－3/109×21 000×103×0.5×103×44/12×6 500×98％＝

6 484.28 (t/a)。

第三题

1. (1) 不完整。

(2) 理由：①未考虑河底扰动宽度产生的影响；②未调查项目评价范围内（尤其是上游）是否存在地表水环境敏感点；③未考虑水污染影响型，根据背景资料，该水污染影响型应为三级 B。

2. (1) 水生生态影响包括：①河道开挖、抛石、桩基等工序将扰动水体，导致区域水环境质量下降；②河道开挖、抛石等工序的施工将扰动水体，导致区域 SS 升高，影响浮游动植物、鱼类等水生生物生长繁殖；③近岸码头施工将会导致区域辣蓼、喜旱莲子草等水生植物生态环境破坏，导致生物量损失；④涉水施工将会影响 55 种鱼类、17 种底栖生物的生态环境，导致生态环境受到破坏，影响其生长繁殖。

(2) 减缓影响的措施包括：①严格控制施工范围、缩短施工工期；②选择枯水期施工；③减少涉水桩基个数，采用围堰施工，减少影响；④施工结束后，及时进行增殖放流，包括水生植物、底栖生物、鱼类等。

3. (1) 有组织监测点位：在 15m 的排气筒处设置监测点。

(2) 无组织监测点位：在码头四周厂界、输油管线沿线设置无组织监测点。

4. 计算事故泄漏量时应考虑的参数有：汽油柴油泄漏速率、管道内压力、环境压力、汽油柴油密度、裂口之上液位高度、裂口形状与对应的泄漏系数、裂口面积、泄漏时间。(答上任意 5 个可得满分)

5. 需调查的内容包括：

(1) 卸船油气依托油库工程处理，需调查卸船油气浓度、气量；油库工程的油气处理设施设计进气浓度、处理量，处理工艺、规模，剩余处理能力，处理后废气稳定达标排放情况。

(2) 含油废水和生活污水依托油库工程处理，需调查污废水水质、水量；油库工程配套的废水处理设施设计进水浓度、处理能力、处理工艺、剩余处理能力、处理后废水稳定达标排放情况；执行排放标准是否涵盖本项目排放的石油类等特征水污染物。

第四题

1. (1) 根据末站工艺流程，工艺废气排放源主要有：进站紧急切断阀、过滤设施及计量设施、输油泵、末站收球装置、出站紧急切断阀。

(2) 控制措施：采用密闭性能高的设施或设备，过滤及收球含油残渣及时收入污油罐、收集泄漏的废气。

2. (1) 监测位置：3 个柱状样点、1 个表层样点均在分输清管站内。

(2) 具体位置：3 个柱状样点（污油储罐、危险废物暂存间、含油污水池）；1 个表层样点（站内合适位置）。

(3) 采样深度：3 个柱状样点的深度在 0～0.5m、0.5～1.5m、1.5～3m，3m 以下视情况而定；1 个表层样点的深度在 0～0.2m。

(4) 采样方法及监测方法：按照相关技术导则要求进行。

(5) 特征监测因子：石油类。

3. 还应补充的施工期水环境保护措施有：

（1）合理控制施工范围，禁止在生态保护红线内施工。

（2）严格控制临时施工驻地位置，禁止在生态保护红线内设置。

（3）严格控制施工废弃泥浆的排放，应经处理后回用，严禁直接排入干渠。

（4）禁止将施工固体废物排入干渠。

（5）选择在枯水期施工（5～7月，12月～次年2月），减少对水环境的影响。

4.（1）对公益林区段生态环境影响最小的管道敷设替代方案：采用定向钻施工方案。

（2）理由：①定向钻最大施工距离为1 200m，大于公益林区段的长度700m，满足要求；②定向钻最大施工深度为15m，不会破坏公益林树木的根系，对生态环境影响小；③定向钻为地下施工，对地表基本不产生影响，可以有效的减少对公益林的占用，避免公益林生物量的损失。

5. 一般林地段生态恢复内容包括：

（1）采用分层开挖、分层堆放、分层回填的方式进行。

（2）管道中心线5m范围内种植浅根系的当地植物。

（3）管道中心线5m范围外恢复现状一般的林地。

（4）施工驻地等临时占地及时复垦为原状。

第五题

1. 现役源削减方案：

（1）现状3台$120m^2$烧结机的拆除。

（2）烧结机机头废气的颗粒物、二氧化硫及氮氧化物的超低排放改造。

（3）烧结机机尾废气的颗粒物的超低排放改造。

（4）园区内两个企业的搬迁。

2. 二氧化硫排放量＝［3 577.32×（1－15％）－23.55］×（1－96％）×2≈241.37（t/a）。

17％含氧量的二氧化硫排放浓度＝241.37×10^9/（$2\ 830\times358\times10^4$）≈23.82（$mg/m^3$）。

16％基准含氧量的二氧化硫排放浓度＝23.82×（21－16）/（21－17）≈29.78（mg/m^3），小于二氧化硫超低排放标准限值$35mg/m^3$。

因此，$360m^2$烧结机机头烟气二氧化硫排放达标。

3. 声环境影响评价的工作内容包括：

（1）对东厂界外190m处村庄、北厂界外150m处村庄进行噪声现状监测。

（2）预测本项目对以上两个敏感点噪声的贡献值。

（3）将预测的贡献值与噪声现状监测值进行叠加，与相应标准进行对比，若不满足标准则需要采取噪声防治措施。

（4）同步调查两处村庄的人数、位置，以及与本项目之间的高差、绿化措施等。

4. 技改项目产生的危险废物有废活性炭、废液压油、废油桶、废润滑油、废催化剂。

5. 还应收集的基础信息包括：

（1）区域土地利用现状、利用规划以及土壤类型分布图。

（2）区域地质情况、地形地貌等数据。

（3）本项目所在地土地历史利用情况。

（4）与本项目有关的其他材料（环评、场调、区域土地污染状况调查等）。

（5）在主导风向下风向加密监测点。

（6）在地表径流汇聚的上下游，分别设置监测点。

第六题

1.（1）A 江水生生态影响评价范围：第一级航电枢纽坝址处至第四级航电枢纽坝址处。

（2）支流 B 水生生态影响评价范围：最大回水末端（13.2km 处）至 A 江汇入口处。

2. 回顾性评价重点内容包括：

（1）地表水环境质量现状以及近年来地表水环境质量变化趋势。

（2）现状航电枢纽的运行调度规则对水环境的影响。

（3）现状水生生物（浮游动植物、鱼类）的现状及受项目建设影响情况。

（4）现状鱼类（尤其是保护鱼类，如经济鱼类翘嘴鲌）的产卵场、索饵场、越冬场、洄游通道受项目建设影响情况。

3. 还需重点开展的生态调查包括：

（1）调查翘嘴鲌的数量及分布。

（2）调查翘嘴鲌的生活习性，如产卵、索饵、越冬、洄游的习惯及对应时间。

（3）调查翘嘴鲌的产卵场、索饵场、越冬场的数量、分布，以及与项目的位置关系。

（4）调查翘嘴鲌现状保护措施。

4.（1）应开展的工作：对淤泥成分进行检测判定是否属于危险废物、是否满足农田使用的相关标准要求。

（2）理由：因为 A 江属于通航河段，如果船只发生事故导致溢油、漏油或者货物（尤其是危险化学品）泄漏到 A 江，可能导致淤泥中含石油类和其他有毒有害物质，用于农田造地和建筑用地回填可能会污染农田土壤。

5.（1）改建工程应采取的鱼类保护措施：工程需采取过鱼设施、增殖放流、对翘嘴鱼等实施栖息地保护、人工营造产卵场、在翘嘴鱼产卵繁殖期采取下泄流量调度等措施，实施生态监测，包括生态流量和鱼类资源等监测。

（2）理由：大坝阻隔河道连通性、库区水位升高、下泄流量受控、破坏鱼类生境，破坏翘嘴鱼产卵场，导致渔业资源下降。（或答“落实规划环评要求”）

第七题

1. 特征污染物因子：苯乙烯、丁二烯、丁烯酸、丙烯酸、丙烯腈、MMA、氮氧化物、非甲烷总烃、臭气浓度、氰化氢（HCN）。（答上前 6 项即可得满分，答上后 4 项不属于原则性错误）

2. 项目需补充的 VOCs 控制措施：

（1）小包装原料应封闭混合搅拌。

（2）工艺过程中应采用真空上料的方式。

（3）聚合物 S_2 应采用封闭包装，而不是装桶。

3.（1）不完整。

（2）理由：①还应调查 500m 范围内的影响人数；②应以厂内最大存储量及最大在线量核算 Q 值；③不应仅调查聚合工艺，还应调查其他工艺（如高温高压工艺）核算 M 值。

4.（1）不可行。

（2）理由：①含苯系物、含氰化物废水应按照要求单独处理，故本项目聚合釜冲洗水 W_3应单独处理；②按照污污分流的原理，生活污水、脱盐水、循环水应单独处理，满足排放标准后排放。

5.（1）生产单元产生的危险废物：油相 S_1，聚合物 S_2、S_3，污水处理工艺产生的污泥，质检中心产生的质检废物。

（2）环保设施产生的危险废物：丙烯腈、丁二烯的废包装容器、废包装桶、废活性炭。

第八题

1.（1）主要污染物：硫酸雾、甲酸。

（2）废气净化方法：碱洗法。

2. 预处理的合理性包括：

（1）按照污污分流的原理，不同废水应单独处理。

（2）浸灰废液及清洗废水，含量高的 COD、BOD_5、硫化物、氯化物废水，均应单独处理。

（3）酸浸铬鞣清洗废水为含第一类污染物废水，应单独处理，并保证铬离子含量在车间排放口达标排放。

3. 可接纳的固体废物：肉渣皮边、浸灰废液及清洗废水污泥、脱灰软化废液及清洗废水污泥。

4.（1）不正确。

（2）理由：①按照评价等级判定，本项目直接排放第一类污染物，为地表水一级评价；②应至少调查丰、枯水期的相关数据，本项目仅调查枯水期而未调查丰水期的数据；③水质调查缺少特征因子：总铬、六价铬、硫化物、氯化物；④监测断面应按对照、控制、削减断面要求进行布置，并补充削减断面的相关监测数据。

准考证号：________

考生姓名：________

工作单位：________

2018 年全国环境影响评价工程师职业资格考试

环境影响评价案例分析

考生注意事项

1. 答题前，考生须在试题册指定位置上填写工作单位、考生姓名和准考证号；在答题卡指定位置上填写考生姓名和准考证号，并涂写准考证号信息点。
2. 选择题的答案必须涂写在答题卡相应题号的选项上，非选择题的答案必须书写在答题卡指定位置的边框区域内。超出答题区域书写的答案无效；在草稿纸、试题册上答题无效。
3. 填（书）写部分必须使用黑色字迹签字笔或者钢笔书写，字迹工整、笔迹清楚；涂写部分必须使用 2B 铅笔填涂。
4. 考试结束，将答题卡和试题册按规定交回。

☆说明：从一至八题中任选六题作答，每题 20 分，共 120 分

第一题

某汽车产业园区拟在园区内建设 1 座固体废物综合处理厂，处理处置汽车生产企业、汽车零部件加工企业的工业废物，包括废桶（油桶、漆桶和胶桶等）、废有机溶剂（含苯、甲苯和异丁醇等）、漆渣、含油废物（包括含油污泥、废乳化油污泥、含油废抹布等）和废胶（含废 PVC 胶）。工程建设内容包括原料库、洗桶车间、溶剂再生车间、焚烧车间、产品库、锅炉房、废水处理站和办公楼。

原料库为全封闭式，设有导气口、安全照明设施、报警装置和观察窗口，地面和裙角进行防渗处理，分区存放待处理的工业废物。

洗桶车间使用清洗机洗涤废桶，清洗剂为有机溶剂（主要成分为丁醇、乙二醇、醋酸和二甲苯等），产生的废清洗剂送溶剂再生车间处理。溶剂再生车间采用蒸馏法处理废有机溶剂得到有机溶剂成品，产生的残液和滤渣送焚烧车间处理。焚烧车间采用焚烧方式处理漆渣、含油废物、废胶及溶剂再生车间产生的残液和滤渣。工程可研测算，入炉焚烧的废 PVC 胶约占入炉焚烧物质总量的 5%。焚烧炉温度≥1 100℃，焚烧残渣和飞灰固化物均送危险废物填埋场填埋。废水处理站出水执行《污水综合排放标准》（GB 8978—1996）三级标准。废水经处理后排至园区废水处理厂。固体废物综合处理生产工艺流程见图 1。

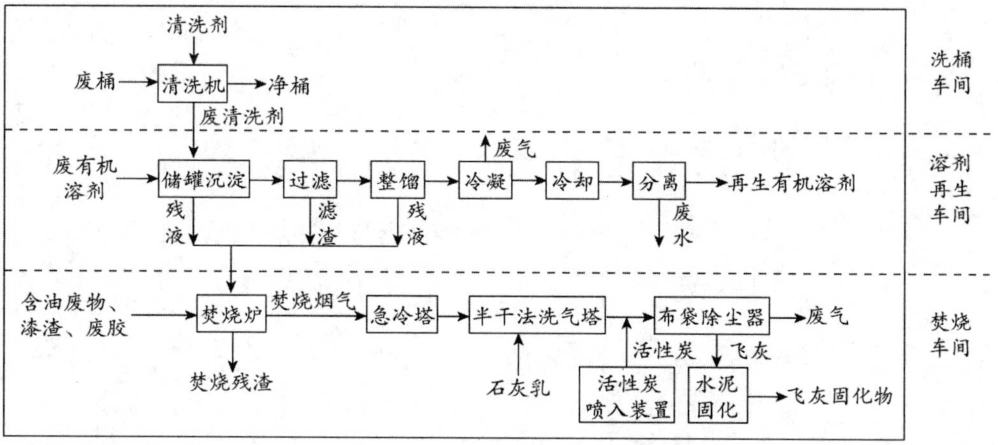

图 1　固体废物综合处理生产工艺流程图

问题：

1. 指出溶剂再生车间冷凝废气中的主要污染因子。
2. 说明半干法洗气塔和活性炭喷入装置对减少大气污染物排放的作用。
3. 焚烧残渣和飞灰固化物的处置方式是否合理？说明理由。
4. 提出完善原料库环保措施的建议。

第二题

某新建成的水利工程位于平原区，功能为防洪、城市供水和灌溉。工程由拦河坝、提灌工程、护岸工程、排涝工程、城市供水提水工程和附属工程组成。水库正常蓄水位139.4m，校核洪水位144.1m，坝址控制流城面积14 860km^2。城市供水提水工程取水口位于大坝上游左岸距大坝780m处。工程永久占地362hm^2，临时占地21hm^2；部分占地为耕地。岸区周边土地利用类型以耕地为主，其中，水田占63%，水库回水区内左、右岸各有1条支流汇入，入库河流执行类水质标准。

经行政主管部门同意，水库已蓄水至正常蓄水位。现开展该水利工程的竣工环境保护验收调查。据环评报告书记载，左岸入库支流上游 15km 河段沿岸分布有工矿企业及固体废物堆存场，工业废水排放总量约 $6.8\times10^4 m^3/a$。环评批复文件要求，应进一步加强排涝设施等建设，减轻对农业生态的影响；水库应按集中式生活饮用水地表水源地进行管理与保护。根据初步调查，工程建设内容与环评批复的工程建设内容基本一致；坝前断面各项水质监测指标达标；按工程设计方案，坝下左、右岸各设 1 个弃渣场，均占用耕地。施工过程中只启用了左岸弃渣场，工程施工总弃渣量与设计的总弃渣量基本一致；已按设计要求完成沿岸农田排水设施的改建，沿岸农田灌溉回归水就近排入库区；当地已编制饮用水水源地保护方案，正上报审批。

问题：

1. 提出水库水质监测断面布设方案。
2. 说明本工程农业生态影响调查的主要内容。
3. 弃渣场验收调查应包括哪些主要内容？
4. 针对水库担负的城市供水功能，应关注哪些调查内容？

第三题

H 企业拟在现厂区内建设水暖卫浴零部件电镀项目。项目建设内容包括：电镀厂房和电镀生产线、电镀废水处理站、工艺废气净化装置、化学品库和固废暂存库等。

电镀生产工艺流程和产污节点见图 3。各清洗工序均采用逆流漂洗。其中，镀镍工序多级清洗废水经离子交换处理后全部回用，树脂定期更换；其他工序清洗废水排入电镀废水处理站。电镀废水处理站对废水进行分类预处理后再集中处理，达到《电镀污染物排放标准》(GB 21900—2008) 后，通过企业现有排放口排入沙河。酸洗槽、镀铬槽产生的工艺废气分别经配套的集气设施收集，送各自的废气净化装置处理后排放。除油、酸洗、镀铜、镀镍、镀铬工序使用的主要化学品分别为液碱、硫酸、氰化亚铜、硫酸镍和氯化镍、铬酸盐。槽液定期更换。

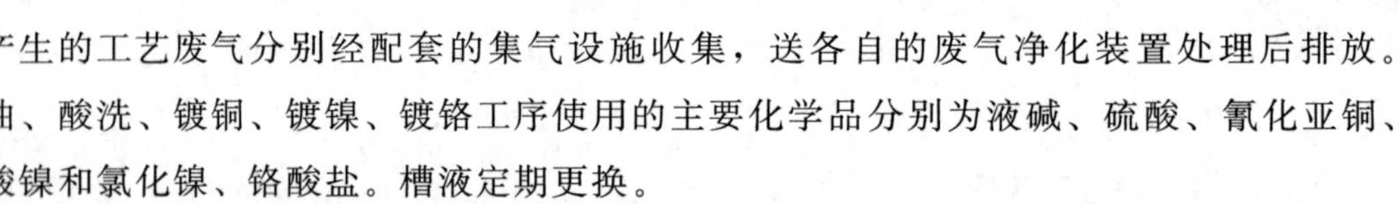

图 3　电镀生产工艺流程和产污节点图

H 企业现有排放口位于沙河右岸。经初步调查，沙河 H 企业排放口所在断面多年平均流量为 120m³/s，水质功能为Ⅲ类。H 企业现有排放口的上游 3km 和下游 10km 处设有常规水质监测断面。

H 企业于 2018 年 3 月委托开展环评工作。环评机构收集有沙河相关水文资料、2013 年 1 月～2015 年 1 月各常规监测断面的水质资料。

问题：

1. 分别指出电镀生产过程中酸洗、镀铬工序产生的主要大气污染因子。

2. 分别指出镀铜、镀镍、镀铬工序多级清洗废水中的主要污染因子。

3. 指出本项目产生的危险废物。

4. 说明进行沙河水环境影响评价需要进一步调查收集的资料。

第四～六题暂缺。

第七题

某城镇现有一座生活垃圾综合处理厂，日处理生活垃圾 300t，生产有机肥并回收玻璃和金属。主体工程包括卸料间、分选车间、降解车间、制肥车间、附属工程车间，附属工程包括仓库、办公楼、废水处理站、燃气锅炉房。全厂用气用热由燃气锅炉房提供。

该厂生产工艺包括垃圾卸料、分选、闪蒸喷爆、干燥、制肥、造粒、包装等工序。垃圾称重后卸入卸料间垃圾储槽，由输送机送至分选车间，采用人工分拣、筛选、磁选方式，分选出垃圾中的金属、玻璃、灯管、砖块、纸板、电池。分选后的垃圾进入降解车间闪蒸喷爆机，经高温高压降解成泥浆状物料，卸入泥浆料仓。泥浆状物料经制肥车间干燥窑干燥（热源为燃气热风炉的热烟气）、粉碎机粉碎后，与氮、磷、钾微量元素及少量粘土在混料罐内混配成有机肥，再经造粒机造粒后装袋出厂。

卸料间和分选车间保持负压状态，恶臭气体采用生物滤池净化塔处理：闪蒸喷爆废气采用植物液喷淋＋活性炭吸附方法处理；干燥废气采用旋风除尘＋活性炭吸附方法处理；混料废气采用袋式除尘方法处理；造粒废气采用旋风除尘方法处理。处理后的废气经各自配套的排气筒排放。

废水处理站采用水解＋接触氧化＋MBR 工艺，对全厂生产废水和生活污水进行处理，出水回用于闪蒸喷爆、造粒、设备冲洗等环节，不外排。日常监督监测显示：现有工程各有组织废气排放源均达标排放；厂界处各污染物浓度均低于厂界标准限值；厂界环境噪声达标排放；固体废物处置满足环保要求。

该厂拟实施技术改造，工程内容包括：在分选车间内增设风选机，分选出垃圾中的塑料；新建一座塑料造粒车间，将分选出的塑料粉碎、水洗甩干、挤出成型、切粒后包装出厂。挤塑机为电加热，操作温度 150°C。挤出、造粒废气特征污染物主要为非甲烷总烃、粉尘等，经集气系统（集气率 70%）收集后，管输至废气处理装置，采用袋式除尘＋活性炭吸附方法处理。处理后的废气由新增的 15m 高排气筒排放。

项目所在区域全年主导风向为西北风，厂址北侧 550m 为 A 村。

环评机构经论证得出，塑料造粒车间排气筒废气污染物可实现达标排放，结合现有工程日常监督监测结果，认为技改后全厂各废气污染物均满足达标排放要求。

问题：

1. 列出制肥车间干燥废气污染因子。
2. 识别全厂运营期可能造成地下水污染的装置或设施。
3. 说明技改后全厂产生的固体废物及其属性。
4. 评价技改项目对 A 村的环境空气影响时，应收集哪些资料？
5. 技改后全厂各废气污染物达标排放的评价结论是否正确？说明理由。

第八题

西北 H 气田规划天然气产能 $56\times10^{8}\,m^{3}/a$，现有工程产量 $50\times10^{8}\,m^{3}/a$，已建有 220 口天然气开采井、5 个集气站、1 座天然气净化处理厂（内设污水处理站）、1 个回注水站以及集输管道。现有工程已通过竣工环保验收。现拟实施 H3 区块天然气开发工程，新增天然气产量 $5\times10^{8}\,m^{3}/a$。

H3 区块东西长 35km，南北宽 20km，西边界与现有天然气净化处理厂相邻。建设内容包括钻采工程、集气站合建工程及集输管道工程。钻采工程建 5 个井场，每个井场由 4 口水平定向井组成丛式井。集气站合建工程包括 1 个无人值守集气站、1 个阴极保护站和 1 个截断阀室，集气站内配置 2 个气液分离沉降罐、2 个过滤器、1 台电机驱动压缩机和 2 个埋地污水储存罐。集输管道工程包括井场到集气站支线管道 24km，集气站至天然气净化处理厂的干线管道 10km。位于 H3 区块东北部的 5 号井场到集气站的管道长 14km，其余 4 个井场分布在集气站东南侧 3km 内，管道总长 10km；管道施工采用大开挖方式，施工作业带宽 14m。站场永久占地 6.67hm^2，管道段和施工便道临时占地 50.60hm^2。天然气净化处理、污水处理及污水回注等依托现有工程设施。

H3 区块所在区域地貌类型为沙丘地，以固定沙丘和半固定沙丘为主，局部有流动沙丘。土壤类型有风沙土、黄绵土等。沙生植被覆盖度较低，以油蒿灌丛和沙地先锋植物群落为主体。人工乔木林呈小斑块散生；灌木中的本地物种沙柳和柠条是防风固沙的主要植物种类，人工种植长成约需 2 年以上；草本植物种类以豆科、禾本科植物为主。

H3 区块开发工程 5 号井场及 4km 长的管道东侧临近毛乌素沙地柏省级自然保护区，井场和管道与实验区边界最近距离 0.15km，与核心区边界距离 3.5km，该段不涉及缓冲区。沙地柏省级自然保护区的保护对象为沙地柏、樟子松、甘草和文冠果等，多分布在核心区。沙地柏在实验区和保护区外也有零星分布。集气站北侧分布有 2 个村庄，站址边界与村庄最近距离 0.12km。

H3 区块开发工程拟采取的环保措施包括：站场选址、管道选线避绕人口密集区；邻近自然保护区段不设施工营地；管道施工结束后进行植被恢复，涉及固定和半固定沙丘破坏的，先采用草方格固沙；涉及沙层薄或流动沙丘破坏的，先采用粘土固沙等防风固沙措施；井场采出的气液混合物在集气站气液分离过程产生的污水用罐车送天然气净化处理厂，与集气站气液分离后的气态物在天然气净化处理厂净化过程产生的污水一并进入污水处理站处理后管输至回注水站回注地下；对集气站电机驱动压缩机［源强 110dB（A）］采取基础减振的降噪措施；在井场、集气站设放空火炬等应急设施。

问题：

1. 提出进一步降低本项目集气站电机驱动压缩机噪声影响的途径。
2. 为分析本项目污水送现有污水处理站处理的可行性，应调查哪些信息？
3. 为恢复邻近自然保护区的临时占地植被，可优先选择哪些植物种类？
4. 给出本项目生态现状调查的重点内容。
5. 指出项目运营期生产设施环境风险识别的具体内容。

参考答案

第一题

1. 溶剂再生车间冷凝废气中的主要污染因子有：苯、甲苯、异丁醇、二甲苯、丁醇、乙二醇、VOCs、HAc。

2. 半干法洗气塔：脱除酸性气体（氯化氢等）。

   活性炭喷入装置：吸附二噁英及未焚烧完全的有毒有害气体物质。

3. （1）合理。

   （2）理由：①焚烧残渣和飞灰固化物均属于危险废物；②焚烧残渣和飞灰固化物含水率满足要求。综上所述，危险废物填埋合理。

4. 完善原料库环保措施的建议有：

   （1）导气口设置废气收集、处理设施。

   （2）设置危险废物标志。

   （3）原料库周围设置防护栅栏。

   （4）配备安全防护服装及工具。

   （5）设计应急防护设施，如：导流渠及事故池。

   （6）设置危险废物台账。

   （7）对原料库进行跟踪监测。

第二题

1. 水库水质监测断面布设方案包括：提水工程取水口；农田排水设施排放口；一级保护区；二级保护区；准保护区；水库坝前断面；水库回水区内左、右岸支流汇入口。

2. 农业生态影响调查的主要内容有：

   （1）施工前基本农田面积、分布、农作物类型、产量及化肥施用情况。

   （2）库区淹没耕地面积、工程永久占地、临时占地面积。

   （3）农田排涝设施的具体建设情况及效果。

   （4）左岸弃渣场占用耕地面积。

   （5）沿岸农田排水设施的改建情况。

   （6）耕地的补偿面积、临时占地耕地复垦面积，补偿及复垦农田的土壤质量（厚度、肥力）、农作物的生长情况、产量。

   （7）当地农民的公参意见。

3. 弃渣场验收调查的内容有：

   （1）右侧弃渣场的具体建设情况及未投入使用的原因。

   （2）左侧弃渣场的具体位置、容量、堆存高度、占地面积及变更原因。

   （3）弃渣场的防尘、水土流失防治措施、溃坝的风险防范及应急措施落实情况。

(4) 补偿及复垦农田的面积、土壤质量（厚度、肥力）、农作物的生长情况、产量。

(5) 当地农民的公参意见。

4. 水库的调查内容有：

(1) 左、右岸支流汇入量及水质情况，及左岸支流上游工业废水排放量及达标处理情况。

(2) 沿岸农田化肥、农药的使用量及沿岸农田排水设施改建情况，农田灌溉的取水量及回归水排入库区的水量及水质。

(3) 排涝设施等建设情况，针对水库按集中式生活饮用水地表水源地进行管理与保护措施落实情况，例行监测计划制定情况。

(4) 水源保护区的划分情况、水库及供水取水口水质的监测值。

第三题

1. 酸洗工序产生的主要大气污染因子是硫酸雾；镀铬工序产生的主要大气污染因子是铬酸雾。

2. (1) 镀铜工序多级清洗废水中的主要污染因子：pH、COD、SS、铜、氰化物。

(2) 镀镍工序多级清洗废水中的主要污染因子：pH、COD、SS、镍、硫酸盐、氯化物。

(3) 镀铬工序多级清洗废水中的主要污染因子：pH、COD、SS、铬。

3. 本项目产生的危险废物有：废离子交换树脂，电镀废水预处理污泥，电镀废水处理站污泥，除油、酸洗、镀铜等过程定期更换产生的废槽液。

4. 进行沙河水环境影响评价需要进一步调查收集的资料有：

(1) 评价范围企业现有项目的排放水量、浓度（尤其是含重金属的）、排放口的位置。

(2) 沙河水环境功能区划、底泥（尤其是重金属）含量现状。

(3) H企业现有排放口上游3km和下游10km常规水质断面的近3年的水质监测资料。

(4) 沙河水生生物调查，包括种类、数量、分布，及珍稀濒危物种调查。

第四～六题暂缺。

第七题

1. 制肥车间干燥废气污染因子有：SO_2、NO_x、颗粒物、氨、硫化氢、甲硫醇、臭气浓度。

2. 全厂运营期可能造成地下水污染的装置或设施有：卸料间垃圾储槽、输送机、闪蒸喷爆机、泥浆料仓、生物滤池净化塔、植物液喷淋塔、废水处理站。

3. 技改后全厂产生的固体废物及其属性：

(1) 灯管、电池：危险废物。

(2) 砖块、纸板：一般固体废物。

(3) 废活性炭：危险废物。

(4) 干燥、混料、造粒收集的粉尘：一般固体废物。

(5) 污水处理站污泥：一般固体废物。

（6）生活垃圾：一般固体废物。

注：（6）不为得分点；回收的玻璃、塑料、金属可不考虑作为固体废物。

4. 评价技改项目对A村的环境空气影响时，应收集的资料有：

（1）现有污染源调查：评价范围与项目排放污染物有关的在建、已批复未建及企业现有污染源位置、高度、排放情况。

（2）扩散条件：气候资料、气象资料（风向、风速、云量等）、地形数据、植被覆盖、建筑物高度及分布等。

（3）保护目标：A村居民点分布情况、功能区划、环境质量现状。

（4）拟建源调查：新增的排气筒的位置、海拔高度、污染物种类、浓度、速率、废气量、排气筒的内径、温度等。

5. （1）不正确。

（2）理由：①未考虑技改项目的无组织排放；②分选车间存在污染物种类及浓度的变化未重新论证；③挤出废气浓度为高浓度且温度较高，活性炭吸附效果较低。

第八题

1. 降低集气站电机驱动压缩机噪声的途径有：

（1）采取隔声、消声、吸声措施。

（2）优化平面布置，远离村庄。

（3）与0.12km村庄间设置围墙、绿化带。

2. 调查的信息有：

（1）现有污水处理站的近期运行情况及水质达标情况。

（2）现有污水处理站处理工艺与本项目污水的适用性。

（3）污水处理站的规模及剩余量、本项目新增污水量。

（4）运输道路距离、长度、依托现有及新建的情况及沿线敏感点的分布、功能区划和环境质量现状情况。

注：依托可行性分析，工艺、水质类似，默认满足；其实运输沿线的敏感点应属于环境影响可接受的范畴。

3. 优先选择的植物种类有：管线5m范围内以豆科、禾本科植被为主；5m范围外以沙柳和柠条为主，并配套种植豆科、禾本科植被。

4. 本项目生态现状调查的重点内容有：

（1）重点调查范围内有无受保护的珍稀濒危物种、关键种、土著种和特有种，天然的经济物种。

（2）植被调查可设置样方，调查植被组成、分层现象、优势种、频率、密度、生物量等指标；沙地柏在实验区和保护区外具体的分布、面积情况；沙地柏自然保护区的范围、保护现状、功能区划、保护要求及保护植被（沙地柏、樟子松等）。

（3）动物调查，应调查动物种类、分布、食源、水源、庇护所、繁殖所及领地范围、生理生殖特性、移动迁徙等活动规律。

（4）调查陆生生态系统的类型、结构、功能和演变过程。

（5）调查相关的非生物因子特征（如气候、土壤、地形地貌、水文及水文地质等）。

（6）水土流失现状调查。

5. 项目运营期生产设施环境风险识别的具体内容有：

（1）丛式井气液混合物的泄漏、遇明火引发的爆炸。

（2）集气站天然气的泄漏、遇明火引发的爆炸；气液分离沉降罐和埋地污水罐泄漏。

（3）集输管道工程天然气的泄漏、爆炸。

（4）污水运输车辆的污水泄漏。

（5）回注水管线泄漏。

注：（5）属于依托工程可以不考虑。

准考证号：__________

考生姓名：__________

工作单位：__________

2017 年全国环境影响评价工程师
职业资格考试

环境影响评价案例分析

考生注意事项

1. 答题前，考生须在试题册指定位置上填写工作单位、考生姓名和准考证号；在答题卡指定位置上填写考生姓名和准考证号，并涂写准考证号信息点。
2. 选择题的答案必须涂写在答题卡相应题号的选项上，非选择题的答案必须书写在答题卡指定位置的边框区域内。超出答题区域书写的答案无效；在草稿纸、试题册上答题无效。
3. 填（书）写部分必须使用黑色字迹签字笔或者钢笔书写，字迹工整、笔迹清楚；涂写部分必须使用 2B 铅笔填涂。
4. 考试结束，将答题卡和试题册按规定交回。

☆说明：从一至八题中任选六题作答，每题20分，共120分

第一题

北方某省级经济开发区设立于2016年，正在编制规划环评文件，开发区规划面积为$34km^2$，规划时限近期为2016—2020年，远期为2021—2030年，主导产业为装备制造、新材料新能源、光电子、生物化工和生物制药等。总体规划包括用地布局、产业发展、基础设施、环境保护等4个分项规划。基础设施分项规划中的排水规划提出：开发区排水采用分流制，规划近、远期污水排放量分别为$4.2\times10^4m^3/d$、$1.3\times10^5m^3/d$，污水处理厂处理规模分别为$5.0\times10^4m^3/d$、$1.5\times10^5m^3/d$，出水水质达到《城镇污水处理厂污染物排放标准》一级A标准（其中COD<50mg/L）后排入R河。供热规划提出：开发区工业生产和居民生活用热用汽总负荷为1 120MW，规划建设2座装机容量均为560MW的燃煤集中供热供汽中心，各设3台200t/h热水锅炉和1台200t/h蒸汽锅炉，锅炉烟气排放执行《火电厂大气污染物排放标准》。环境保护分项规划提出：淘汰开发区内所有分散燃煤锅炉，对R河开发区河段进行清淤整治并取消现有污水排放口。

开发区位于甲市东北部，现状土地利用类型主要为耕地和城镇建设用地，部分区域与已批复城市总体规划的甲市中心城区重叠。开发区区内有一个建制镇、12个村庄和22户企业，区内无污水集中处理设施，未处理的生活污水和经各自废水处理设施处理达标的企业生产废水均排入R河。开发区有15座分散燃煤锅炉房，年燃煤2.5×10^4t，烟气平均脱硫效率为50%；居民生活燃煤量为$1.6\times10^4t/a$。区内燃煤平均含硫率为0.54%，硫转化率为80%。

R河为非感潮河流，在开发区入口处断面多年平均流量为$22m^3/s$，水域环境功能为Ⅳ类，由西南向东北依次流过甲市城区、开发区后，在开发区下游20km处汇入C河。R河开发区河段现分布有6处污水排放口，现状COD排放量为136t/a。地表水常规检测数据显示，R河现状水质接近《地表水环境质量标准》Ⅳ类标准限值。2015年批复的《R河流域水污染防治规划（2015—2020年）》提出：至2020年COD减排目标为1 800t/a，规划期甲市新增COD排放量为460t/a，规划水污染防治工程COD预计削减量为2 800t/a。

规划环评机构收集到开发区15座分散燃煤锅炉房的位置、锅炉型号和数量、年工作时数、年燃煤量、烟气治理措施，现有企业废水排放量和废水处理设施进出水浓度等资料，对地表水、环境空气、声环境进行了环境质量调查。规划环评测算，规划实施后2座燃煤集中供热供汽中心锅炉烟气排放量合计$4.98\times10^9m^3/a$，治理后的SO_2排放浓度均为$86mg/m^3$。

问题：

1. 开发区近期COD排放量是否满足R河流域水污染防治规划的要求？说明理由。
2. 计算供热规划实施后开发区的SO_2排放增减量。
3. 说明进行开发区分散燃煤锅炉大气污染源调查还应进一步收集的资料。
4. 指出开发区规划与甲市城市总体规划协调性分析的主要内容有哪些？
5. 开展环境质量与生态现状调查，还需选择哪些环境要素？

第二题

西南山区某水库位于A江支流B河的中游河段，坝址距B河河口35km，是《A江流域防洪规划》中确定的一座近期建设的大（2）型防洪控制性水库工程。工程开发任务以防洪为主，兼顾发电和改善下游供水条件。

该工程由混凝土重力坝（最大坝高为39.8m）、电站厂房、泄水建筑物等组成，水库总库容$1.15\times10^8m^3$，防洪库容$0.75\times10^8m^3$，为年调节水库。电站装机容量7MW，多年平均发电量$0.22\times10^8kW\cdot h$。水库回水长27.6km，工程建设征地面积$8.07km^2$。

B河大致呈北—南流向，坝址处多年平均流量$3.31m^3/s$，支流C在坝址上游3.7km处B河右岸汇入，河道长68km，河口处多年平均流量$6.9m^3/s$；支流D在坝址下游11km处B河左岸汇入，河道长43km，河口处多年平均流量$8.0m^3/s$。

库区及B河下游河段水域环境功能为Ⅲ类，现状水质总体良好；坝下区间流域水污染源主要是城镇生活源和农业面源。坝址下游0.5km处有一个农灌提水泵站，每年只在灌溉期3—5月取水，取水量$400m^3/d$。灌溉作物有水稻等喜温性作物，生长适宜水温一般不低于20℃；坝址下游3km处有一个集中式生活饮用水取水口，全年无间断取水，取水量$3.0\times10^4m^3/d$。

据现场调查，B河坝下干流无拦河筑坝的水利水电工程，B河干支流共有包括鳡和岩原鲤2种省级重点保护鱼类在内的69种鱼类，上述鱼类均无长距离洄游习性，但部分鱼类会在产卵和索饵时做短距离迁移。鱼类产卵期主要集中在3—7月，大部分鱼类产粘沉性卵，少部分鱼类产漂流性卵。产粘沉性卵鱼类的产卵场相对集中的有6个，坝下3个产卵场上边界距坝址分别为6.5km、10km、22.4km，产卵场长度分别为0.3km、3.8km、3.3km；坝上3个产卵场在水库建成蓄水后将被淹没。B河干支流无产漂流性卵鱼类的集中产卵场。鳡和岩原鲤均喜流水生境，特别是在产卵时需要一定水流刺激；鳡为产漂流性卵鱼类，产卵水温在16～32℃之间，近几年已无捕获记录；岩原鲤为产粘沉性卵鱼类，产卵水温在14℃左右，目前尚有一定资源量。

工程设计采用底层取水方式。水库运行后，受径流调节影响，汛期（5—10月）坝下流量有所减少，枯期（11月—翌年4月）流量增加较大。电站在日调峰运行时，枯期流量、流速和水位有较大变化，汛期变化较小。

环评机构判别该水库为水温稳定分层型水库，经数值模拟预测，鱼类产卵坝址处月平均下泄水温度在8.6～24℃之间，其中5月份水温下降幅度最大，比同期天然月平均降低2.1℃。为保护B河水域生态系统及鱼类资源，环评机构提出鱼类人工增殖放流、下泄生态流量、水库生态调度、加强运行期水生生态监测及渔政管理等多种鱼类保护措施。其中增殖放流种类为岩原鲤等7种鱼类。

问题：

1. 本项目水质现状监测布点方案中，至少应有哪些代表性断面？
2. 给出本项目水生生态现状调查的主要内容。
3. 计算本项目的下泄生态流量时应主要考虑哪些类型的用水需求？
4. 环评机构提出的鱼类保护措施是否完善？说明理由。

第三题

某新建年产10万辆纯电动乘用车项目，建设内容包括冲压、焊接、涂装、电池组装、整车总装等生产车间，试车跑道、配送中心、化学品库、成品停放场、综合站房、燃气锅炉房、充电站、污水处理站、危废暂存间等公用、辅助工程和环保设施。

项目生产工艺为：定尺钢板→冲压（下料、涂油脂、压制成型）→焊接→涂装→总装（含电池组装）→成品。电池组装工艺为：外购磷酸铁锂电池单体→组装→电池包。

涂装车间主要包括车身脱脂、锆化、电泳底漆，以及水性中涂涂装、水性色漆涂装、溶剂型清漆涂装等工段。

脱脂工段采用碱性脱脂剂（氢氧化钠、阴离子表面活性剂等），在脱脂槽内脱除油脂；锆化工段采用六氟化锆溶液在锆化槽内进行车身表面改性，脱脂、锆化后的工件均采用喷、浸结合的方式用水清洗。

电泳底漆工段包括电泳、UF超滤液清洗和纯水清洗三个单元。电泳单元采用阴极电泳工艺，配套UF超滤系统回收电泳漆。电泳漆成分主要是树脂及水、少量醚酮醇类溶剂。电泳底漆工段工艺流程及用排水节点见图3。

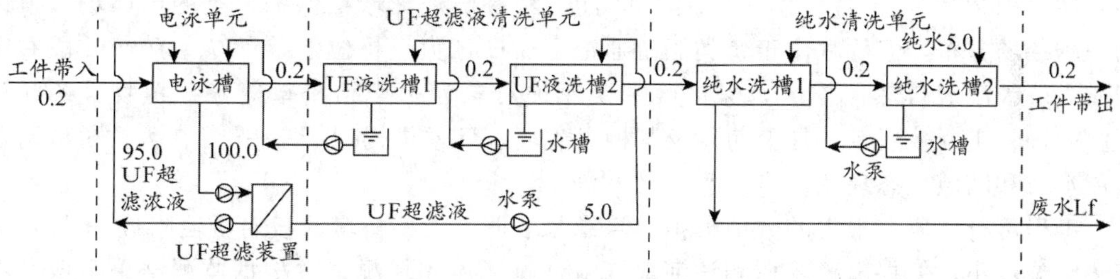

图3　电泳底漆工段工艺流程及用排水节点图（单位：m^3/h）

车身清漆涂装工段包括喷漆、晾干和烘干等工序，使用的溶剂型清漆主要成分是树脂及甲苯、二甲苯、醚酮醇类溶剂，烘干工序以天然气为能源。喷漆室气流组织方式为上送下排，采用机器人喷涂方式进行车身涂装。喷漆废气经纸袋过滤脱除漆雾（脱除效率为98%）后，经分子筛转轮吸附装置吸附挥发性有机物（VOCs脱除效率为90%）后由35m高的1#排气筒排放；采用125℃热空气脱出分子筛转轮吸附装置吸附的VOCs，脱出的含VOCs废气经TNV焚烧装置净化（VOCs脱除效率为97%）后由20m高的2#排气筒排放。清漆涂装线有机溶剂的总输入量为100kg/h，其中60%进入喷漆废气、40%随车身进入晾干废气。

环评机构确定本项目大气环境影响评价工作等级为三级，拟定的环境空气质量监测方案设2个监测点位，收集有1号、2号监测点2016年PM_{10}、SO_2和NO_2环境空气常规监测数据。环评机构拟直接利用收集的环境空气常规监测数据进行现状评价，不再进行环境空气质量现状监测。

问题：

1. 分别指出脱脂、锆化工段清洗废水的主要污染因子。
2. 计算图3中UF超滤液清洗单元超滤液总用量和纯水清洗单元的废水量Lf。
3. 计算2#排气筒的VOCs排放速率。
4. 环评机构“不再进行环境空气质量现状监测”的做法是否合适？说明理由。

第四题

东南沿海某市拟建的西北绕城高速公路由主线和一条连接线组成。主线全长57.55km，按照双向六车道高速公路标准建设，设计行车速度100km/h，路基宽度33.5m。主线起点（K0＋000）接城西已建高速互通，在城区外围向东北方向展线，以桥梁形式（K26＋120～K28＋480）跨越H江后向东延伸，终点接城东北另一在建高速互通。连接线全长12.32km，按照一级公路标准建设，设计行车速度80km/h，路基宽度23m，起点（LK0＋000）从主线T互通（K32＋310）处引接，向北延伸至终点C镇（LK12＋320）。连接线起点～LK6＋330为新建段，LK6＋330～终点为利用现有二级公路扩建段。

公路沿线地势总体平缓，局部为山地丘陵。H江大致呈西北—东南流向，径流随季节变化，夏丰冬枯。H江大桥桥位附近河道平顺微弯，桥位处大堤之间河道宽度600m，水域环境功能为Ⅲ类。大桥在河道中设有桥墩，采用钢围堰临时围护进行涉水桥墩基础施工。

根据历史资料，H江鱼类资源丰富，有鳗鲡等3种珍稀保护鱼类，3种鱼类均有洄游习性，洄游期3—5月、10—11月。H江大桥桥墩处无珍稀保护鱼类的产卵场、索饵场和越冬场分布，但桥墩位于鱼类洄游通道上。H江大桥桥位上游190～5 000m段右岸江滩为市级湿地自然保护区，保护区主要保护对象为中华结缕草等保护植物、冬候鸟（越冬时间11月—翌年3月上旬）及其栖息生境。环评机构拟于4—5月在大桥桥位附近开展水域和陆域生态现状调查。

工程可行性研究报告的数值模拟计算结果表明，大桥桥墩建设对桥位附近H江水文情势影响较小，但提出跟踪监测该河段江滩冲刷或淤积情况，并根据监测结果采取抛石护滩等措施。工可报告环境保护篇章提出：大桥桥墩围堰在枯水期11月至翌年3月施工，施工期控制夜间光照时间和强度；运行期桥台不设置强光灯，桥面采用降噪减震材料，车辆禁鸣等措施；为防止化学品运输车辆事故泄漏物直接流入河道，大桥设置桥面径流收集管，河堤两侧设置事故池。

连接线扩建段中心线两侧200m范围内有7处居民点，其中A居民点住宅多为二层建筑物，呈三排沿路（LK8＋000～LK8＋200）平行布置，临路第一排、第三排建筑物距离公路中心线分别为40m、80m，该居民点无工业企业、交通噪声源。为预测公路建设后对A居民点的声环境影响，环评机构拟在公路LK8＋100处垂线方向设置3个声环境现状监测点。测点N1、N2分别设置在临路第一排、第三排建筑物窗前，测点N3设在距公路中心线160m的农田处。

问题：

1. 大桥桥位附近生态现状调查时间安排是否合理？说明理由。
2. 给出本项目鸟类现状调查应包括的主要内容。
3. 从环境保护角度说明跟踪监测H江大桥桥位附近河段冲淤变化的目的。
4. 给出确定大桥事故池容积应考虑的因素。
5. 选择N2作为背景值进行A居民点声环境影响预测是否合理？说明理由。

第五题

某县拟实施环境综合整治规划，规划方案由R河河道整治工程和污水治理工程2个项目组成，拟进行河道清淤、河岸修整和绿化，改善河道景观；对现状沿河排污口进行截流封堵，完善市政污水收集管网，新建污水处理厂，解决地区污水排放问题。

拟建污水治理工程建设内容包括截流封堵沿河3处排污口、修建12km污水管道、新建一座二级生化污水处理厂。污水处理厂设计处理能力为$5\times10^4m^3/d$，选址于县城东南郊经济开发区的东侧，收水范围为沿河两岸老城区、经济开发区以及规划新城区。老城区生活污水和经济开发区生产废水现状排放量共计$2.6\times10^4m^3/d$，经3个排污口排入R河。

污水处理厂工艺流程为：进水→格栅→沉砂池→A/A/O生物池→二沉池→反应沉淀池→转盘滤池→消毒池→出水。排水执行《城镇污水处理厂污染物排放标准》一级A标准。设计TP总去除率为92%，其中反应沉淀池和转盘滤池的除磷效率合计为80%。污泥处理拟采用浓缩脱水＋生物干化工艺，其中生物干化采用嗜高温好氧微生物进行好氧生物发酵；浓缩脱水后污泥产生量为60t/d（含水率为80%），生物干化处理后污泥产生量为20t/d（含水率为40%）。

该县城地势西高东低，R河由西向东从县城中心穿过，R河城区段长约12km，在县城入口处断面多年平均流量为$17.6m^3/s$，枯水期平均流量为$4.5m^3/s$，水域环境功能为Ⅳ类。R河南岸老城区下游经济开发区主要行业为食品加工、机械加工等，区内有一座人工景观湖。北岸老城区东北约2km处有一座燃煤热电厂，从R河引水作为循环冷却水。污水处理厂外东侧有多处砖厂废弃取土坑和成片林地，污水处理厂达标尾水拟排入R河。

问题：

1. 说明本项目可能的尾水资源化途径。
2. 计算本项目生物除磷效率。
3. 定性说明本项目的水环境改善作用。
4. 给出本项目污泥资源化利用方式和去向（限2项），并说明理由。

第六题

某新建的年处理2万吨废电路板再生资源综合利用项目位于城市循环经济园区，建设内容主要包括原料仓库、原料破碎及配料系统、熔炼系统、烟气处理系统、废水处理系统、固体废物暂存库、供配电、给排水、空压站、液氧站等。

项目处理的废电路板属于《国家危险废物名录》中的HW49类危险废物，由企业采用满足防雨、防渗漏、防遗撒要求的汽车，按普通货物从产生单位运输进厂。废电路板的典型组成见表6。

表 6　废电路板典型组成表

组分	含量	主要成分及含量
金属	约 40%	铜（20%）、铝（6%）、锡（4%）、铁（4%）、镍（2%）、铅（2%）、锌（1%）、锑（0.4%）金（0.1%）、银（0.2%）、钯（0.005%）等
耐火材料	约 30%	二氧化硅（16%）、三氧化二铝（6%）、氧化钙（6%）、钛酸盐（2%）等
有机物	约 30%	聚乙烯（10%）、溴化环氧树脂（溴化阻燃剂，10%）、聚丙烯（5%）、聚氯乙烯（2.5%）、聚四氟乙烯（2.5%）等

项目生产工艺为：废电路板经破碎后与按比例配入的石英砂、焦炭等辅料通过皮带加料机加入富氧顶吹熔炼炉进行火法冶炼作业（燃料为天然气，冶炼温度≥1 200℃），产出粗铜产品（含铜≥80%，富含金银等稀贵金属）。废电路板破碎和配料工序产生的粉尘，经集气罩、布袋收尘器收集后返回熔炼系统。冶炼过程产生的冶炼渣经水淬后外售水泥厂生产矿渣水泥，产生的冶炼烟气依次经二次燃烧、余热回收、布袋收尘和脱酸等处理单元处理后达标排放。烟气处理系统工艺流程图见图 6。

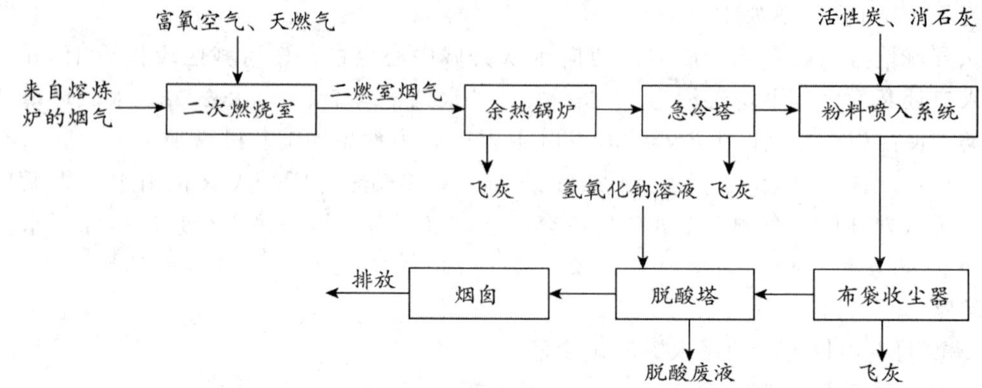

图 6　烟气处理系统工艺流程图

烟气处理系统收集的飞灰送固废暂存库贮存，脱酸塔产生的脱酸废液含溴化钠、氯化钠和氟化钠等，经中和沉淀去除重金属离子、钙化除氟、多效蒸发（热量来自烟气处理系统余热锅炉产生的低压蒸汽）浓缩得到溴盐副产品，外售溴化钠或溴素生产企业。脱酸废液中和沉淀产生的中和渣以及钙法除氟产生的废渣，分别经板框压滤机脱水后送固废暂存库贮存。多效蒸发器产生的冷凝水回用于冶炼渣水淬工序。

项目所在的循环经济园区属于环境空气质量二类区。环境空气质量现状符合《环境空气质量标准》二级标准，且具有较大的环境容量。项目已列入循环经济园区规划，已审查的园区规划环评要求项目应注重有价非金属的回收，并严格控制重金属污染物排放。

问题：

1. 判断废电路板采取的运输方式是否符合规定，说明理由。
2. 指出熔炼炉烟气中的主要污染物。
3. 说明急冷塔的设置目的及急冷塔烟气出口温度控制要求。
4. 分别指出中和渣、除氟废渣和烟气处理系统收集的飞灰的固废属性。
5. 项目建设方案中哪些方面体现了与园区规划环评的联动要求？

第七题

华北地区某原油管道工程于2014年取得环评批复，2016年建成试运行，现拟开展竣工环境保护验收调查。工程起于A首站，由南向北终于B末站，全长88km，管道常温输送中东进口原油（含硫率为1.82%），规模为8×10^6 t/a，设计压力为5.1MPa，管材为$\phi559\times6.4$ L360螺旋埋弧焊钢管。A首站建设4台输油泵、3台给油泵、6个$1\times10^5 m^3$外浮顶储罐、1套含油污水处理设施和1套一体化生活污水处理设施，B末站建设1套计量设施和1套一体化生活污水处理设施。

管道路由包括KⅠ段和KⅡ段。KⅠ段（K0～K43）长43km，位于滨海冲积平原区；KⅡ段（K43～K88）长45km，位于平原微丘区。管道施工方式以开挖敷设为主，施工作业带宽16m。K14～K14＋280段和K26～K26＋450段管道采用定向钻从河床下15m处由南向北分别穿越C河和D河，并在D河两岸各设1座自动截断阀室。工程站场和截断阀室永久占地2.33hm^2，施工作业带和施工便道临时占地140.93hm^2。

环评文件中记载的管道沿线基本情况为：KⅠ段占地类型多为水田和滩地，K0～K7段邻近E湿地自然保护区，A首站和管道距该保护区实验区边界最近距离分别为0.18km、0.15km，距核心区边界最近距离分别为5.2km、3.5km。植被样方调查表明，保护区植被类型主要为芦苇群落、碱蓬草群落等，多分布在核心区。核心区是鸟类的越冬地和繁殖地，有东方白鹳、黑鹳、丹顶鹤等6种国家一级重点保护动物；实验区用地现状多为水田和滩地。C河和D河均属于引黄输水河道，引黄输水期为每年6—9月。KⅡ段多为旱地，农作物主要为玉米、小麦和棉花。K65～K78段管道两侧0.2km范围内有黄村等5个村庄。

环评文件批复要求：管道施工须实施土壤分层开挖、分层堆放、分层回填，在邻近E湿地自然保护区段禁止设施工营地、排放试压废水；穿越引黄河段管道施工，禁止设泥浆池，废弃泥浆异地处置，且需避开引黄输水期；引黄河流两侧设自动监控、自动阻断设施，管道穿越河流段和管道邻近保护区段配备用于溢油拦截与回收的应急物资，A首站设事故污水应急收集池、布设地下水监测井。

建设单位提供的资料表明：由于K65～K78段管道路由局部改移，最大偏移距离为0.8km，工程管线实际长度增加了3km。C河穿越段管道施工时间为2015年10—11月，因地质原因C河穿越段管道施工方式由定向钻改为大开挖，并将管道敷设在洪水冲刷线以下4m，管道壁厚增加3mm。其他工程实际建设内容与批复的环评文件一致。验收调查期间实际输油量按设计压力折合7.09×10^6 t/a。

竣工环境保护验收调查方案提出：调查局部改移段环境保护目标，生态影响调查阶段侧重核算原评价范围内工程占地面积变化及施工作业带上农作物损失情况，开展环保措施运行效果监测，检查环评文件提出的环境风险防范与应急措施落实情况及突发环境事件应急预案备案情况等。

问题：

1. 验收调查期间运行工况是否满足竣工环保验收工况要求？
2. 给出K65～K78改移段环境保护目标核查的主要内容。
3. 给出邻近湿地自然保护区段管道施工生态影响验收调查的主要内容。
4. C河穿越段管道施工期环境影响调查应关注哪些内容？
5. 指出环境风险防范与应急措施落实情况检查的重点内容。

第八题

拟在某化工园区新建丙烯氨氧化法生产丙烯腈项目，工程建设内容包括丙烯腈生产装置、公用工程、原料产品罐区，以及废液焚烧、废气催化燃烧、废水预处理等环保设施。

丙烯腈生产工艺见图 8，生产原料为丙烯、氨气、空气，产品为丙烯腈，副产品为乙腈、氰化氢、硫酸铵等。

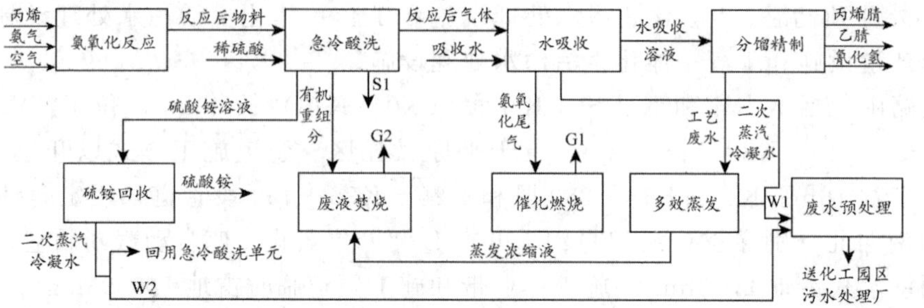

图 8　丙烯腈生产工艺流程

工程设计将急冷酸洗分离出的有机重组分和多效蒸发产生的蒸发浓缩液泵送废液烧炉处置。多效蒸发产生的二次蒸汽冷凝水一部分回用于水吸收单元，一部分（W1）送废水预处理站经好氧生物氧化处理后送化工园区污水处理厂。水吸收单元产生氨氧化尾气 $4.99\times10^4 m^3/h$，主要污染物见表 8，拟送废气催化燃烧设施处理后经 35m 高排气筒排放。项目废气中无硫化物和卤代烃等造成催化剂中毒的杂质。

表 8　废气及废水主要污染物浓度

废气	非甲烷总烃		丙烯腈	乙腈	氰化氢	丙烯醛	氨
氨氧化尾气，mg/m^3	5 500		30	20	15	5	40
废水	COD	BOD_5	总氰	乙腈	丙烯腈	丙烯醛	氨氮
W1，mg/L	3 000	326	400	200	150	235	30

项目所在化工园区全年主导风向为东南风，夏季主导风向为东南风，冬季主导风向为西北风。厂址周边 4km 范围内共有 9 个村镇。其中，东南 2.5km 和 3.0km 分别为 A 村和 B 村，西南 2.0km 和 3.0km 分别为 C 村和 D 村，西西北 2.8km 为 E 村，西北 2.3km 和 3.0km 分别为 F 村和 G 村，东北 2.0km 为 H 村，东东北 1.8km 为 I 村。

环评机构判定项目大气评价工作等级为二级，评价范围以厂址为中心、半径 4km 的圆形区域，在冬季设置了厂址、A、C、E、F、I 村共 6 个监测点。

问题：

1. 指出 G2 废气排放应执行的标准。
2. 给出 4 项氨氧化尾气的有机特征因子。
3. 采用好氧生物氧化方法处理废水 W1 是否合适？说明理由。
4. 采用催化燃烧处理氨氧化尾气是否合适？说明理由。
5. 环境空气质量现状监测布点方案是否合适？说明理由。

参考答案

第一题

1.（1）开发区近期COD排放量不能满足R河流域水污染防治规划的要求。

（2）理由：

①开发区位于甲市东北部，则开发区规划近期污水排放量$=4.2\times10^4\times50\times10^{-6}\times365=766.5$（t/a）。

②开发区近期COD减排量$=2\ 800-766.5-460=1\ 573.5$（t/a），小于2020年COD减排目标1 800t/a。

2.（1）15座分散燃煤锅炉房的SO_2排放量$=2.5\times10^4\times0.54\%\times80\%\times2\times(1-50\%)=108$（t/a）。

（2）居民生活燃煤的SO_2排放量$=1.6\times10^4\times0.54\%\times80\%\times2=138.24$（t/a）。

（3）供热规划实施后开发区的SO_2排放量$=4.98\times10^9\times86\times10^{-9}=428.28$（t/a）。

（4）供热规划实施后开发区的SO_2排放增加量$=428.28-108-138.24=182.04$（t/a）。

3. 进行开发区分散燃煤锅炉大气污染源调查还应进一步收集的资料如下：

（1）各个锅炉的用途、蒸汽压力，以判别可替代性。

（2）排气筒底部中心坐标，以及排气筒底部的海拔高度。

（3）排气筒几何高度及其出口内径。

（4）烟气出口速度。

（5）排气筒出口处烟气温度。

（6）主要污染物正常排放量，排放工况。

（7）毒性较大物质的非正常排放量，排放工况，年排放小时数。

（8）煤堆场的面积和扬尘控制措施。

4. 开发区规划与甲市城市总体规划协调性分析的主要内容如下：

（1）产业布局、产业发展、用地布局、基础设施（给排水、电力、燃气、绿化、污水和垃圾处理处置）、环境保护等分项规划与甲市城市总体规划的协调关系。

（2）开发区环境功能区划与甲市城市总体规划的协调关系。

（3）与甲市中心城区重叠区域的产业布局、产业防护带与甲市城市总体规划的协调关系。

（4）产业区的物流规划与城市交通规划的协调关系。

（5）产业区的选址（位于甲市的上风向或下风向）与甲市城市总体规划的协调关系。

5. 开展环境质量与生态现状调查，还需选择的环境要素包括土壤、地下水和生态（水生，动植物的种类、数量及分布）。

第二题

1. 本项目水质现状监测布点方案中，应有的代表性断面（从上游至下游）如下：

（1）B河水库库尾（水库回水上端）。

（2）支流C汇入B河处。

(3) 支流C水库库尾（C河在回水区，回水顶托）。

(4) B河坝址处。

(5) 坝址下游0.5km（农灌提水泵站）处。

(6) 坝址下游3km（集中式生活饮用水取水口）处。

(7) 坝下3个产卵场各自上下边界处。

(8) 支流D汇入B河处。

(9) B河汇入A江处。

(10) 沿途城镇生活源和农业面源的排放口处。

2. 本项目水生生态现状调查的主要内容如下：

(1) 浮游生物、底栖生物、游泳生物的种类组成及分布，群落与优势种，底质类型，生态习性。

(2) 包括鳡和岩原鲤2种省级重点保护鱼类在内的69种鱼类的种类组成与分布，鱼类“三场”(产卵场、索饵场、越冬场)，洄游通道；鳡和岩原鲤等重点保护鱼类的保护级别、保护现状、生活史、种群动态及生境条件。

(3) 水生生物的生物量（或初级生产力、初级生产量）和水生生物的生境条件（水位、水温、水流条件）。

3. 计算本项目的下泄生态流量时应主要考虑的用水需求类型如下：

(1) 工农业生产、生活需水量，如坝址下游农灌取水量、集中式生活饮用水取水量。

(2) 维持下游河道水生生态系统稳定所需水量，如鱼类洄游、产卵的需水量。

(3) 维持河道水质的最小稀释净化水量以及水体水质保护的需水量。

(4) 河道水面蒸发需水量和维持地下水位平衡的下渗补给水量。

(5) 河道外生态需水量，如河岸植被需水量。

(6) 缓解下泄低温水影响的需水量。

4. (1) 环评机构提出的鱼类保护措施不完善。

(2) 理由：

①坝上3个产卵场在水库建成蓄水后将被淹没，应选择适宜河段人工营造相应水生生境，设置人工产卵场。

②鱼类产卵期主要集中在3—7月，汛期（5—10月）坝下流量有所减少，且鳡和岩原鲤均喜流水生境，特别是在产卵时需要一定水流刺激，应加强汛期调度，加大3—7月坝下下泄流量，满足鱼类产卵需要。

③鱼类虽无长距离洄游习性，但部分鱼类会在产卵和索饵时做短距离迁移，应设置过鱼设施。

④鳡近几年已无捕获记录，应进行人工增殖放流和栖息地保护（干支流生境保护）。

⑤该水库为水温稳定分层型水库，底层取水水温低，低温水灌溉不利于水稻等喜温性作物的生长，也不利于鳡和岩原鲤等鱼类产卵，应采取分层取水措施及优化泄洪方式，减少低温水的影响。

⑥电站在日调峰运行时，枯期的流量、流速和水位有较大变化，应优化调度方式，减少水文情势变化对鱼类生境的影响。

⑦保护鱼类的索饵场所（包括湿地），保障鱼类生存的饵料提供。

第三题

1. （1）脱脂工段清洗废水的主要污染因子：pH、LAS、COD、石油类。

（2）锆化工段清洗废水的主要污染因子：pH、锆、氟化物。

2. （1）UF 超滤液清洗单元超滤液总用量为 $5m^3/h$。

（2）纯水清洗单元的废水量 Lf 为 $5m^3/h$。

3. $2^{\#}$ 排气筒的 VOCs 排放速率＝100×60％×90％×（1－97％）＝1.62（kg/h）。

4. （1）环评机构“不再进行环境空气质量现状监测”的做法不合适。

（2）理由：

①环评机构收集的环境空气常规监测数据仅含 PM_{10}、SO_2 和 NO_2，缺少本项目产生的特征污染物，如甲苯、二甲苯、VOCs 等。

②环评机构收集的环境空气常规监测数据不一定能满足监测布点（数量、位置），监测条件（风向、风速），监测频次，监测时间等方面的要求。

③环评机构仅收集了 2016 年一年的环境空气常规监测数据，应当收集评价范围内近三年符合相关规定且满足评价要求的环境空气常规监测数据，可不再进行现状监测。

第四题

1. （1）大桥桥位附近生态现状调查时间安排不合理。

（2）理由：

①桥墩位于鱼类洄游通道上，鳗鲡等 3 种珍稀保护鱼类的洄游期 3—5 月、10—11 月，在 4—5 月可以调查鱼类的洄游情况。

②H 江大桥桥位上游的江滩为市级湿地自然保护区，保护区主要保护对象为中华结缕草等保护植物、冬候鸟（越冬时间 11 月—翌年 3 月上旬）及其栖息生境。在 4—5 月无法调查冬候鸟的情况。

2. 本项目鸟类（市级湿地自然保护区的主要保护对象冬候鸟）现状调查的主要内容包括：冬候鸟的名称、种类、分布、种群数量（种群密度、栖息地面积等），栖息生境及质量，主要活动区域及与 H 江大桥桥位的方位距离关系，水源地、食源地，产卵期、繁殖期，受威胁现状及因素，迁徙路线、越冬时间，对施工噪声及夜间灯光的敏感性，冬候鸟的保护级别、保护要求、保护措施及保护现状。

3. 跟踪监测 H 江大桥桥位附近河段冲淤变化的目的如下：

（1）验证工程可行性研究报告的数值模拟计算结果，如“大桥桥墩建设对桥位附近 H 江水文情势影响较小”是否正确，有无误差。

（2）根据监测结果及时采取抛石护滩等措施。

4. 确定大桥事故池容积应考虑的因素如下：

（1）运输危化品车辆发生风险事故的一次最大泄漏量。

（2）桥面面积。

（3）事故处理历时。

（4）当地日降雨量历史最大值。

（5）现场事故处理产生的最大废水量。

5. （1）选择 N2 作为背景值进行 A 居民点声环境影响预测合理。

（2）理由：测点 N2 设置在临路第三排建筑物窗前，远离公路中心线（80m）且受交通噪声影响较小（有两排建筑物阻隔），可以作为噪声背景值进行 A 居民点声环境影响预测。

第五题

1. 本项目可能的尾水资源化途径如下：

(1) 经济开发区机械加工生产用水。

(2) 燃煤热电厂循环冷却水等生产用水。

(3) 砖厂生产用水。

(4) 人工景观湖补充用水。

(5) 成片林地绿化用水。

2. 设本项目生物除磷效率为 x，则：$(1-x)\times(1-80\%)=(1-92\%)$，解得 $x=60\%$。

3. 本项目的水环境改善作用如下：

(1) 进行河道清淤可以减少淤泥的污染物释放，新建污水处理厂可以减少向河流排放污染物，进而改善河道水质和人工景观湖水质。

(2) 河岸修整和绿化、截流封堵现状沿河排污口可以改善河道景观。

(3) 解决沿河两岸老城区、经济开发区以及规划新城区的污水排放问题。

4. (1) 本项目污泥资源化可用于改良林地土壤（利用方式）。

理由：富含有机质、营养元素的污泥经嗜高温好氧微生物进行好氧生物发酵后，可改良土壤结构和增加土壤肥力，促进植物的生长，且含水量（含水率为 40%）符合园林绿化、农林土地的泥质要求。

(2) 本项目污泥资源化可填筑废弃取土坑（去向）。

理由：污泥采用浓缩脱水＋生物干化工艺处理后，属于一般固体废物，且离废弃取土坑的运输距离近。

第六题

1. (1) 废电路板采取的运输方式符合规定。

(2) 理由：项目处理的废电路板属于《国家危险废物名录》中的 HW49 类危险废物，但企业采用的汽车满足防雨、防渗漏、防遗撒要求的条件下，在运输环节可以豁免管理，即可以不按危险废物进行运输。

2. 熔炼炉烟气中的主要污染物包括：氮氧化物、重金属、卤化物气体、颗粒物、二氧化硫、二噁英。

3. (1) 急冷塔的设置目的是减少烟气在 200～400℃温度区的滞留时间，遏制二噁英的产生和重新合成，同时降低温度还可以为后续工序提供良好的温度条件。

(2) 急冷塔烟气出口温度应控制在 200℃以下，并满足后续活性炭、消石灰的粉料喷入系统处理废气的温度要求。

4. 中和渣、除氟废渣和烟气处理系统收集的飞灰均属于危险废物。

5. 项目建设方案中体现与园区规划环评的联动要求的方面体现如下：

(1) 浓缩得到溴盐副产品外售溴化钠或溴素生产企业与规划环评回收有价非金属的要求联动。

(2) 含重金属的冶炼烟气经处理后达标排放、脱酸废液中和沉淀去除重金属离子的工艺与规划环评严格控制重金属污染物排放的要求联动。

第七题

1. （1）验收调查期间运行工况满足竣工环保验收工况要求。

   （2）理由：

   ①油气开发工程（含集输管线）项目对工况没有要求，只要生产设施与环保设施运行正常即可开展验收调查工作，验收时注明实际工况即可。

   ②验收调查期间运行工况$=7.09\times10^6/(8\times10^6)\times100\%=88.625\%$，大于75%，且工况稳定。

2. K65～K78段管道两侧0.2km范围内有黄村等5个村庄，应核查5个村庄规模、户数、人口、所处的环境功能区，与改移段的相对位置关系和距离，改移后对村庄实际的环境影响，采取的环境保护措施及有效性。

3. 邻近湿地自然保护区段管道施工生态影响验收调查的主要内容如下：

   （1）管道施工实施土壤分层开挖、分层堆放、分层回填以及禁止设施工营地、排放试压废水等施工生态保护措施落实情况及实际生态恢复效果。

   （2）管道施工对湿地自然保护区核心区鸟类，特别是东方白鹳、黑鹳、丹顶鹤等6种国家一级重点保护动物的影响，采取的环境保护措施及有效性。

   （3）管道实际施工方式，施工作业带宽度，施工作业带上农作物损失情况，植被恢复种类、实施效果。

   （4）通过现状生态调查，对比项目建设前后生态环境有无重大变化，并分析变化是否由项目建设引起。

4. C河穿越段管道施工期环境影响调查应关注的内容如下：

   （1）管道施工期是否避开引黄输水期。

   （2）大开挖施工方式对C河水文情势、水生生态的实际影响。

   （3）施工废水排放对C河水质、水生生态的实际影响。

   （4）大开挖施工对河岸稳定、河道通航和区域水系的环境影响。

   （5）施工弃土（渣）场的位置及环境影响。

5. 环境风险防范与应急措施落实情况检查的重点内容如下：

   （1）引黄河流两侧的自动监控、自动阻断设施。

   （2）管道穿越河流段和管道邻近保护区段用于溢油拦截与回收应急物资的配备。

   （3）A首站的事故污水应急收集池、地下水监测井。

   （4）敷设在洪水冲刷线以下4m的管道、增加3mm的管道壁厚和易被破坏管段的套管保护。

   （5）管道沿线区域的安全标志。

   （6）应急预案的文本及演练的记录。

第八题

1. 急冷酸洗分离出的有机重组分和多效蒸发产生的蒸发浓缩液属于危险废物，其焚烧排放的G2废气执行的标准是《危险废物焚烧污染控制标准》。

2. 4项氨氧化尾气的有机特征因子包括丙烯腈、乙腈、氰化氢和丙烯酸。

3. （1）采用好氧生物氧化方法处理废水W1不合适。

   （2）理由：

   ①$BOD_5/COD=326/3\,000\approx0.109$，小于0.3，表明废水W1可生化性较差，需经过

预处理后再采用好氧生物氧化方法处理。

②丙烯腈、乙腈、氰化氢、丙烯醛具有毒性，表明废水 W1 对部分微生物具有毒害作用，需经过预处理后再采用好氧生物氧化方法处理。

4. (1) 采用催化燃烧处理氨氧化尾气合适。

(2) 理由：

①项目废气中无硫化物和卤代烃等造成催化剂中毒的杂质。

②氨氧化尾气中存在的挥发性有机物可催化燃烧，无二次污染。

③氨氧化尾气的排放量、浓度、温度满足催化燃烧的处理条件。

5. (1) 环境空气质量现状监测布点方案不合适。

(2) 理由：

①本项目大气评价工作等级为二级，在冬季监测时应考虑以主导风向西北为轴向，布设至少 6 个环境空气质量现状监测点。应选择 F 村（西北）、H 村（东北）、A 村（东南）、C 村（西南）作为监测点。

②主导风向下风向可考虑加密布点，则 B 村可以选择为监测点。

③I 村距离化工园区距离最近，可以考虑布设监测点。

环球书业
Huanqiushuye

全新版

全国环境影响评价工程师职业资格考试辅导用书

历年真题及押题模拟试卷
环境影响评价
案例分析

环境影响评价工程师考试研究组 编

押题模拟试卷分册

押题模拟试卷（一）~（八）

北京理工大学出版社
BEIJING INSTITUTE OF TECHNOLOGY PRESS

前　言

环境影响评价工程师职业资格考试由中华人民共和国环境保护部、人力资源和社会保障部共同组织实施。根据规定，应试者必须通过考试才可以取得环境影响评价工程师合格证书。环境影响评价工程师职业资格考试自2005年起每年举行一次，考试共设4个科目：《环境影响评价相关法律法规》《环境影响评价技术导则与标准》《环境影响评价技术方法》和《环境影响评价案例分析》。其中，前3科为客观题，《环境影响评价案例分析》为主观题。

为方便广大考生更加高效地复习备考，环境影响评价工程师考试研究组在总结和分析历年真题的基础上，按照新《全国环境影响评价工程师职业资格考试大纲》的要求，精心组织编写了本套《环境影响评价案例分析历年真题及押题模拟试卷》。

本套考试辅导用书具有如下特点：

历年真题　收录最近几年的全国环境影响评价工程师职业资格考试真题。通过做真题试卷，考生可以掌握各科目所考查的重难点、高频考点及热点，更深刻地理解考试大纲的要求，把握命题规律，从而达到事半功倍的复习效果。

押题模拟试卷　在深入剖析历年真题的基础上，研究组专家从现实中寻找考试热点，精心编写了环境影响评价工程师职业资格考试押题模拟试卷。试卷涵盖了近几年考试的高频考点及热点，预测了新考试大纲的命题趋势，为考生指明了备考方向，从而保证了考生复习的针对性与高效性。

参考答案及解析　研究组专家对每套试题均配有详尽的答案解析，为考生提供了清晰的答题思路，使考生在复习中达到举一反三的效果，从而轻松高效地备考。

本套考试辅导用书集权威性与时效性、针对性与实用性于一体，不仅充分展现了全国环境影响评价工程师职业资格考试独有的特色，而且对考生应试能力的快速提高也有很大的帮助与促进作用。

虽然编者一再精益求精，但由于水平和时间有限，书中难免存在疏漏与不足之处，敬请广大考生和读者斧正。最后，衷心地祝愿广大考生能够取得优异的成绩，顺利过关！

环境影响评价工程师考试研究组

押题模拟试卷（一）

☆说明：从一至八题中任选六题作答，每题 20 分，共 120 分

第一题

西南某山区 A 河流长约 420km，流域面积 5 万 km^2，河床坡降陡，天然落差大，水能资源十分丰富。某省政府拟对区内 A 河流进行水电梯级开发，并制订了水电开发专项规划。根据资料查阅和初步现场踏勘，已知该区域社会经济发展水平较低，对外交通不发达。A 河流中经济鱼类较多，流域内山丘植被丰富，均为人工次生林，野生动植物资源较为丰富，流域内有 1 处国家级野生动物自然保护区，2 处省级风景名胜区。

规划文本设计了 2 个开发建设方案，并从工程经济技术角度推荐了自上而下建设“一库六级”水电站方案，开发方式有引水式、堤坝式 2 种。规划方案实施后需迁移人口 4 万人，涉及 2 个县的 8 个乡镇 15 个村。规划文本认为，水库淹没对国家级野生动物自然保护区和风景名胜区影响不大。

问题：

1. 简述本水电开发规划的环境影响评价中生态环境现状调查的主要内容。

2. 该规划实施中的问题与不确定性主要有哪些？

3. 本水电规划环境影响评价中生态影响评价的主要内容有哪些？

4. 根据本水电规划内容，阐述水电规划的协调性分析主要应该包括哪些内容。

第二题

某垃圾填埋场工程，占地 50hm^2，填埋有效库容 400 万 m^3，设计使用年限 15 年。填埋场采用斜坡作业法，垃圾按单元分层填埋，分格推平、压实、覆土、消毒。垃圾填埋自库底 45m 标高开始，当填至垃圾坝顶 70m 标高时，按一定坡度逐层向库后区上升填埋，直至终场填到库尾 150m 标高。主要构筑物包括垃圾坝、渗滤液收集系统（排渗导气系统）、截污坝、截洪系统、调蓄池和污水处理厂等。同时设有管理生活区，包括环境监测站、办公楼、机修间、职工食堂、材料库等。填埋场区内现有 3 条生产运输主要道路，并设有专门的环境监测站，负责监视填埋场运行对周围地下水、地表水、空气环境的污染动态，同时对污水处理厂的进出水水质进行管理监测，以调控污水厂处理效果。

填埋场随着填埋场基础设施的建设和垃圾填埋作业的进程，原有自然植被、人工果树及农业用地全部被占用或覆盖，生态条件发生了根本性的变化。项目建设内容包括填埋场、道路系统改造、污水调蓄池、污水处理厂、监测井、冲洗站、排水设施等。填埋机具主要有：垃圾压实机、拖带式压实机、推土机、履带式挖掘机、装载机、大型封闭倾卸车等。工程永久征地总面积为 1 000 亩，其中国有土地 200 亩，农村集体所有土地 800 亩。征地中有耕地、菜地、园地、林地等。同时涉及居民拆迁安置问题，施工场地附近没有敏感点。

问题：

1. 试对运营期产生的垃圾渗滤液进行分析。
2. 运营期废气中含有哪些成分？
3. 本工程对生态会造成哪些影响？
4. 对于渗滤液污染有哪些减缓措施？
5. 对于填埋场的废气污染有哪些减缓措施？

第三题

某城市工业区内一汽车制造厂扩建年加工 5 万辆汽车车身涂漆车间，生产工艺为：清洗除油→水清洗→磷化→水清洗→涂底漆→水清洗→干燥→喷中漆→烘干→喷面漆→烘干。清洗除油采用 NaOH 和合成洗涤剂，磷化使用磷酸锌、硝酸镍，涂底漆使用不含铅的水溶性涂料，中漆和面漆含甲苯、二甲苯，烘干采用热空气加热方式。生产过程废气污染源主要有喷漆过程产生的废气喷漆室废气量为 $8.6\times10^4 m^3/h$，漆雾浓度 $680mg/m^3$，漆雾含甲苯 $12mg/m^3$，由 30m 高的排气筒排放，两个烘干室废气量均为 $2.1\times10^4 m^3/h$，含甲苯浓度 $86mg/m^3$，废气采用直接燃烧法处理，净化效率 96.5%，分别由各自 30m 高的排气筒排放，两排气筒相距 50m。生产过程产生的废水有含油废水、磷化废水和喷漆废水，均入汽车制造厂污水综合处理站处理达标后排入城市污水处理厂，产生的工业固体废物有漆渣、磷化滤渣，污水处理站的污泥，厂址东侧有一乡镇。

问题：

1. 给出喷漆室可采用的 3 种漆雾净化方法。
2. 计算各烘干室排气筒甲苯排放速率及两个排气筒的等效高度。
3. 给出涂漆废水的主要污染因子，列举理由说明本工程污水处理方案是否可行？
4. 本工程产生的工业固废中哪些属于危险废物？
5. 危险废物拟在厂区临时存放，其处置原则一般有哪些？
6. 公司拟自建危险废物焚烧炉，焚烧炉的环境影响评价要求是什么？

第四题

西北某市为地势平坦的干旱地区，多年平均降水量400mm，主导风向为西北风。该市东南部工业区内的A热电厂现有5×75t/h循环流化床锅炉和4×12MW抽凝式发电机组，供水水源为自备井，SO_2现状排放量为1 093.6t/a。

为了满足城市供热需求，拟淘汰A热电厂现有锅炉和机组，新建2×670t/h煤粉炉和2×200MW抽凝式发电机组，设计年运行5 500h，设计煤种含硫0.90%，配套双室四电场静电除尘器，采用低氮燃烧、石灰石-石膏湿法脱硫，脱硫效率90%。建设1座高180m的烟囱，烟囱出口内径6.5m，标态烟气量为424.6m^3/s，出口温度45℃，SO_2排放浓度200mg/Nm^3，NO_x排放浓度400mg/Nm^3。工程投产后，将同时关闭本市现有部分小锅炉，相应减少SO_2排放量362.6t/a。

经过估算模式计算，新建工程的SO_2最大小时地面浓度为0.105 7mg/m^3，出现距离为下风向1 098m，NO_x的$D_{10\%}$为37 000m。

现有工程停用检修期间，某敏感点X处的SO_2环境现状监测小时浓度值为0.021～0.031mg/m^3。逐时气象条件下，预测新建工程对X处的SO_2最大小时浓度贡献值为0.065mg/m^3。

城市供水水源包括城市建成区北部的地下水源和位于城市建成区西北部15km的中型水库。该市城市污水处理厂处理能力8×10^4 m^3/d，污水处理后外排。

注：SO_2小时浓度二级标准为0.50mg/m^3，NO_2小时浓度二级标准为0.24mg/m^3，排放的NO_x全部转化为NO_2。

问题：

1. 计算本项目实施后全厂SO_2排放量和区域SO_2排放增减量。
2. 给出判定本项目大气评价等级的P_{max}值和$D_{10\%}$。
3. 确定本项目大气评价等级和范围。
4. 计算X处的SO_2最终影响预测结果（不计关闭现有小锅炉的贡献值）。
5. 给出本项目供水水源的优先顺序。

第五题

某炼油厂拟在厂区预留地内进行改扩建工程建设，其中配套公用工程有：在现有罐区扩建 1 000m^3 苯罐、500m^3 苯乙烯罐、300m^3 液氨罐和 50m^3 碱液槽各一座；改造现有供水设施，新增供水能力 500m^3/h。现有污水处理场紧靠北厂界，其西面与西厂界相距 100m。拟在污水处理场与西厂界之间的 A 空地新建危险废物中转场一座，在与污水处理场东面相邻的 B 空地新建 650m^3/h 污水回用装置一套。

改扩建项目新增的生产废水处理依托现有污水处理场，改造前后生产废水的污染物种类和处理后污染物排放浓度不变（《污水综合排放标准》一级）。达标废水通过 2km 排污管道排入 C 河。C 河属感潮河流，大潮潮流最大回荡距离约 6km。排污口上游 10km 处有一集中式供水饮用水源 D，该水源地设有一级、二级保护区，二级保护区的下游边界距水源 D 取水口为 6km。取水口至炼油厂废水排污口间河段无其他污染源汇入。为防止 C 河水体污染，当地环保行政主管部门提出，废水排入 C 河的改扩建项目须实现增产减污。

厂区地质结构稳定，天然土层防渗性能良好，厂西边界外 700m 处有一村庄，其他方位村庄距厂界 1 000m 以上。

问题：

1. 分析评价新建公用工程在厂内布局的环境合理性。
2. 指出本项目大气和水环境现状调查中应考虑的特征污染因子。
3. 识别本项目贮存设施中重大危险源和环境风险评价重点保护目标（苯、苯乙烯、液氨贮存设施临界量分别为 50t、100t、100t）。
4. 确定排污口上游河段水质现状监测断面位置。
5. 根据当地环保行政主管部门对 C 河的管理要求，分析本项目的环境可行性（选择 COD 作指标给出定量结果，计算新增污水量时不计损耗）。

第六题

某电解铝厂位于甲市郊区，已经生产10年，现有工程规模为7万t/a电解铝，主要设备为60kA自焙阳极电解槽160台，产量20 000t/a；120kA预焙阳极电解槽120台，产量50 000t/a。自焙阳极电解槽含氟烟气采用干法净化回收装置，但由于其设计存在一些问题，电解车间天窗仍有大量无组织烟气排放，氟实际去除率80%。预焙阳极电解槽电解过程中产生的含氟烟气经密闭集气罩收集后送往干法净化系统，采用氧化铝吸附剂处理，吸附后的载氟氧化铝再回收进入电解槽，氟实际去除率95%。

拟建项目为年产电解铝5万t的预焙阳极电解槽，主要设备为200kA预焙阳极电解槽100台，扩建现有渣场以满足需要；建设项目投产时同时淘汰现有60kA自焙阳极电解槽80台，淘汰产能10 000t/a，其他自焙阳极电解槽全部停产。新建项目含氟烟气也采用氧化铝吸附干法净化系统，氟设计去除率95%以上。

项目建成后，全厂达到年产10万t电解铝的生产规模。全厂主要废水来自煅烧循环水和生阳极（生阳极指阳极炭块的生产）系统浊循环水系统，经过废水处理站处理后外排地表水系（Ⅴ类水体），少量的焙烧炉修理时产生的废渣送渣场填埋。经过2个月的试生产，生产设施、环保设施运行正常，现委托某监测站进行建设项目竣工验收监测。

进行环境影响评价时，监测了6个点位，其中南面500m处A村庄氟化物60%超标，新建工程采用先进的烟气治理措施，同时淘汰老旧设备。厂外各敏感点预测氟化物浓度都将有不同程度下降并可满足标准，外排氟化物从160t/a减少到108t/a，烟粉尘排放量减少到345t/a，SO_2排放量减少到450t/a，可满足地方环保局原分配的450t SO_2总量指标。公众调查时，A村庄有24个居民反对该项目建设，占调查对象的12%。

问题：

1. 该项目竣工验收执行的标准如何确定？
2. 该项目竣工验收的监测重点包括哪些方面？
3. 该项目竣工验收的现场调研重点包括哪些方面？
4. 从验收重点看，该项目存在哪些问题？能否通过验收？

第七题

某菊酯类卫生用药改建项目占地面积25万m^2，厂房建筑面积9万m^2，厂区绿化面积4 900m^2。厂区三面环山，一面临河，是全国农药行业的重点企业之一。公司现有5个主要生产车间，分别为甲胺磷车间、菊酯车间、粉剂车间、乳剂车间和悬浮剂车间。其中，甲胺磷车间的生产能力为4 000t/a，菊酯车间的生产能力为200t/a，乳剂车间的生产能力为10 000t/a，粉剂车间的生产能力为2 000～3 000t/a，悬浮剂车间的生产能力为2 000～3 000t/a。企业主要的产品类别是有机磷类农药和拟除虫菊酯类卫生用药。主要排放的大气污染物是TVOC和甲苯。

主要工程包括：甲胺磷生产车间、菊酯生产车间、乳剂车间、粉剂车间、悬浮剂车间、锅炉房、供冷机房、办公楼、循环冷却水系统、供配电系统、给排水系统、消防系统、成品仓库、危险化学品仓库、剧毒品仓库、车间配有废水预处理站、甲醇回收设施、有机废气冷凝回收系统、除尘设施和水洗塔、包装废桶存放区等。

问题：

1. 本项目施工期可以采取的污染防治措施。
2. 运营期废气的污染防治措施有哪些？
3. 环境风险防范措施有哪些？
4. 请给出大气环境影响防治的建议。
5. 对本项目进行风险评价并给出建议。

第八题

某大城市拟建设一个超高层的、多功能的特大型商贸中心。该项目包括4座超高层办公写字楼，2座饭店，1座公寓，1座会议中心，2个展览厅，1个商场，1个地下车库，总建筑面积60万m^2。建一套中央空调系统。拟建一锅炉房对商贸中心集中供热，锅炉房有3台7t/h燃油锅炉，并配有小型地下油库1座，锅炉烟囱高100m。距烟囱150m处有一塔楼高200m。建垃圾转运站一处。该城市已建有污水处理厂。

项目给水与排水管网拟和市政管网相连。项目用地是化工厂搬迁后腾出的空地，原厂区的地面建筑物及取水井尚未拆除。本地块的用地性质定为商贸服务业用地。项目西侧为城市主干线道路；北侧有多层建筑物，包括住宅和学校；东侧200m处有一古寺庙建筑群；南侧有湖泊。4座写字楼的外墙均采用玻璃幕墙。地下车库有1 500个停车位。

问题：

1. 对该项目进行环境影响评价，还需了解该项目的哪些最基本的信息？
2. 环境现状监测的方案中，已确定了地面水、气、声的监测要素。是否还要增加其他的监测内容？说明理由。
3. 分析判断该项目对环境的主要影响有哪几方面？
4. 说明烟囱高度的合理性及理由。
5. 如果项目旁的古寺庙建筑群为国家级文物保护单位，在实施环境影响评价中还应考虑什么内容？

押题模拟试卷（二）

☆说明：从一至八题中任选六题作答，每题 20 分，共 120 分

第一题

某水电枢纽工程为西南地区 A 河梯级开发中的一级，水库具有日调节功能。水库淹没和永久占地 15km^2（含耕地 263hm^2，其中 247hm^2 为基本农田），临时占地 239hm^2，其中基本农田 50hm^2，其余为林地、旱地、灌草地等。临时占地在施工结束后进行生态恢复。工程建设需搬迁安置移民 2 700 人，分 5 处集中安置点安置，生产安置移民 3 960 人，拟通过土地开发整理安置。经土地平衡分析，仅可新增高质量耕地 160hm^2，用于补偿工程所占基本农田。

工程影响区生态环境脆弱，有滑坡、崩塌等不良地质现象，河谷植被主要为灌草丛和灌木丛，水库淹没线以下有 36 株国家二级保护野生植物，枢纽建设区及周边为粮食高产区。河流坡降大，库区入库河流生态环境良好，鱼类资源丰富，以适应流水生态环境的鱼类为主，其中某一地方特有的洄游性鱼类，卵苗需长距离顺水漂流孵化，库区内分布有该鱼类集中产卵场。

问题：

1. 列出运营期水文情势变化对库区产生的主要生态环境影响。
2. 说明本工程建设对鱼类的影响。
3. 本工程临时占地的生态恢复应注意什么问题？提出国家二级保护野生植物的保护措施。
4. 按照基本农田“占补平衡”原则，本工程还应采取什么措施？

第二题

拟建某垃圾焚烧发电厂和综合处理厂，垃圾焚烧量 1 000t/d，综合处理 600t/d，由垃圾分选、综合处理、垃圾焚烧发电、生活设施管理区等部分组成。

配套有余热锅炉、烟气净化装置、汽轮发电机组，年发电能力 1 亿 kW·h。烟囱高度为 90m。垃圾综合处理：生活垃圾进厂后，依次进行大件预分选、粉碎磁选、机械分选、人工精选后，筛上物送焚烧厂焚烧，筛下物送初级堆肥，分选出的橡胶、塑料等可再生利用资源送入再生资源厂房，砖、石、瓦、砾等送填埋场。

项目所在地环境敏感点主要分布在东南方向 1.5km 处，有居住区，主导风向为北风。

问题：

1. 垃圾焚烧炉烟气执行什么排放标准？二噁英充分分解的条件是什么？
2. 大气环境质量现状监测应包括哪些项目？
3. 对环境敏感点的影响如何判断？
4. 垃圾焚烧污染物控制应注意哪些问题？
5. 环境风险评价重点是什么？

第三题

某水泥有限公司拟开发利用古圣砂岩矿资源，年产 872 179t 砂岩。项目矿界范围面积 0.44km^2，分为北东矿块和南西矿块。高速公路所在地段位于矿区中部，高速公路两侧边界距露采边界距离各为 50m。距厂区破碎站北侧约 100m 为古圣移民住宅区，总计约 100 户；距南西矿区厂界约 150m 为肖冲队，住户约 15 户。矿山北侧有一条季节性河流（古圣河），主要用于农田灌溉。

工程内容包括矿山开采（无爆破开采）、公路开拓运输、破碎系统和皮带运输。皮带廊道位于古圣移民住宅区东侧约 80m。设计圈定砂岩矿石资源量 2 299.44 万 t，矿山服务年限为 26.36 年。矿山前期生产为露天矿开采，矿山最终为凹陷开采，最终形成深度为 8m 和 24m 的两个采坑。矿山年工作 280d，每天工作两班，每班 8h。

问题：

1. 本项目主要保护目标是什么？
2. 本项目主要的环境、生态影响是什么？应采取的环保措施有哪些？
3. 进行项目环评预测时，应收集哪些资料？
4. 项目运营期环境影响预测内容有哪些？

第四题

某省拟建设四车道全封闭全立交高速公路，全长 190km，设计行车速度 80km/h，路基宽度 24.5m。全线共设计特大桥与大桥 35 座，其中跨河桥多处，并多处伴行河流，隧道 22 座，互通式立交 5 处，服务区 1 处。永久占用林地 $130km^2$。全线土石方总量 220 万 m^3。拆迁建筑物 1.8 万 m^2，全线设置取土场 8 处，弃土（渣）场 22 处，项目总投资 66 亿元。

该公路经过地区气候温和，多年年平均降雨量 550mm。公路沿线多数路段地处山岭重丘区，相对高差 300～1 000m。拟建公路沿线经过 2 个林场，林地植被覆盖率 50％～60％，且以人工林为主。沿线经过多个农田灌溉设施。

路中心线两侧 300m 范围分布有声环境敏感点 58 个；路中心线两侧 200m 范围内分布有声环境敏感点 39 个；声环境敏感点类型有集镇、村庄、学校、医院。

道路红线距 A 中学围墙 120m，距 B 小学围墙 30m，两学校均有 3 层教学楼面向公路，其声环境现状达 2 类声环境功能区要求。高速公路达到设计车流量时，预测 A 中学教学楼等效声级昼夜分别为 62dB（A）、56dB（A），B 小学教学楼的预测等效声级昼夜分别为 68dB（A）、63dB（A）。

问题：

1. 确定本项目声环境影响评价工作等级并说明理由。
2. 分别说明本项目施工期、运营期的环境噪声评价范围。
3. 在预测营运中期时各声环境敏感点的噪声影响时，需要的主要技术资料有哪些？
4. 给出对 B 小学的噪声影响预测与评价的主要内容。
5. 提出对 B 小学可行的噪声防治措施。

第五题

某南方城市拟建一个氯化法钛白粉厂，其工艺产生的氯化废渣被鉴定为危险废物，按照国家要求，需要建设危险废物安全填埋场，来处置该项目产生的需要填埋处理的约20 000t 危险废物。

该填埋场的主要建设内容包括：运渣道路、拦渣坝、渗滤液收集处理系统、拦污坝、库区防渗防洪系统、地下水监测井等。安全填埋场容积要求大于 50 万 m^3，服务期限 30 年。建设单位经踏勘、调查，提出 2 个拟选安全填埋场场址备选，见表 5。

表 5　备选场址情况

选址方案	选址一	选址二
周围情况	冲沟下方 400m 有一个村庄，上方有一个小水库	冲沟下方 960m 有一个村庄
交通	距离公路 500m，交通便利	距离公路 1 500m
距离	距厂址 1 200m	距厂址 2 000m
地形	Ⅰ型山谷	Y 型山谷
地质	无不良地质构造	无不良地质构造
容积	60 万 m^3	75 万 m^3
气候	主导风向西南风	主导风向西南风
敏感情况	北距某风景区 2.5km	东距某小学 1.7km

问题：

1. 根据表 5 中给出的备选场址初步调查情况，应选用哪个场址？请说明理由，并进一步指出拟选用场址的制约因素和解决措施。
2. 为进一步论证选址的合理性，还必须调查补充哪些基本情况？
3. 简述除厂址比选论证外，该项目工程分析中应关注的其他重点问题。
4. 项目建设期、运行期可能造成哪些主要环境问题？
5. 安全填埋场服务期满并封场后，应采取哪些环境管理措施？

第六题

在矿产资源丰富的地区有一座金属矿山，占地 $256hm^2$。拟在此地建设一生产规模为 200 万 t/a 的矿物采选工程。拟采用地下开采方式，开采深度为－210～－70m，采用斜坡道＋竖井的开拓方式。废石竖井提升汽车运至废石场，废石量 540 万 m^3，废石场占地 $50hm^2$。矿石从斜坡道传送至选矿厂矿石仓，矿石经过粗碎、中碎、细碎、磨矿、浮选等工序，产品为该金属精矿，产量为 60 万 t/a。产出尾矿 110 万 t/a，有 5km 管路输送至尾矿库，输送浓度 30%，该尾矿库为山谷型，库容 600 万 m^3。该尾矿库初期坝为堆石坝，坝高 10m；后期坝用尾矿砂堆筑而成，后期坝高 20m。尾矿库坝下游 800m 处有一座以养殖鱼类为主的湖泊。矿区坐落在比较茂密的次生林边缘地带，矿区开采区地表有一条国道和一条与道路平行的光缆穿过。

问题：

1. 分析该项目的主要生态环境问题。
2. 金属矿山地下开采的主要环境影响有哪些？
3. 尾矿库的主要环境影响有哪些方面？指出尾矿库运行的阶段和相应的治理措施。
4. 分析该项目的主要环境风险因素及其减少环境风险的主要措施要点。
5. 该项目生态环境恢复的范围和主要治理措施有哪些？
6. 从保护生态环境的角度对本矿山开发项目提出建议。

第七题

某城市根据当地资源及社会经济发展的需要，拟规划一工业开发区，以能源重化工为主，规划用地面积 $10km^2$，现委托某机构进行该工业园区规划的环境影响评价。该城北部以一条河流与另一城市相隔，该河流为两城市的饮用水源。该城西南方向有较大面积的农田，且均为基本农田，农田西南有山脉一处，为国家级森林公园。根据城市发展规划，城市在未来 10 年内将由现在的 30 万人口发展到 45 万人口，城市总体发展方向为沿江向东西两个方向展开。近期拟建设污水处理厂一座，位于城市东南方向 16km 处，用于处理城市污水和部分工业废水，处理后的污水尽可能作为中水回用，少量排入北部河流城市下游段。在城市规划中预留了 3 处工业开发区，分别为城市东东南方向 15km 处（A 区）、东南方向 20km 处（B 区）、南东南方向 17km 处（C 区），分别发展能源重化工业、轻工纺织业和机械加工业，但未明确哪一区块用于发展能源重化工业。三处工业区规划实施需搬迁 9 个村庄近 10 000 人。开发区集中配套建设相应的供水、供电、交通和通信设施。该区域常年主导风向为西北风，春季常有来自西北方向的大风，年降水量 5 600mm，蒸发量 4 300mm，冬季较为寒冷。

问题：

1. 请给出 3 处工业开发区分别适宜于发展哪类工业，并说明理由。
2. 污水处理厂位置是否合理，并说明理由。
3. 指出能源重化工开发区规划分析的主要内容有哪些？
4. 指出该能源重化工开发区环境影响评价要素及主要指标。
5. 从区域发展层次，该能源重化工开发区环评需考虑哪些宏观因素？

第八题

拟建思小（思茅至小勐养）高速公路是我国西南通往南亚大陆的国际通道的主要路段，有一段线路必须经过西双版纳国家自然保护区勐养片区，在自然保护区内的里程为18.522km，其中有4.722km的路段所在区域经调整后由核心区划为实验区。路域环境中发育着热带雨林等珍贵植被类型，生长着山白兰等重点保护的野生植物，栖息有亚洲象等重点保护的野生动物。

本项目线路总长97.8km，设计行车速度60km/h，路基宽度22.5m，全程有互通式立交6处，分离式立交3处，跨河大桥57座（11 602.88m），中桥143座（9 752.5m），小桥38座（1 149m），单洞长隧道16道（10 080m），涵洞132道（1 149m），服务区3处，收费站8处。该公路征用土地8.1万亩，土石方数量1 628万m^3，项目总投资38亿元。

该项目穿越多个村庄，K40＋150经过普文河。

问题：

1. 本项目的环境影响是什么？
2. 本项目的主要环境保护目标有哪些？
3. 本项目生态环境现状调查的主要内容与方法？
4. 本项目评价工作重点和评价中应注意的问题是什么？
5. 确定本项目生态环境敏感目标。
6. 简要说明生态环境保护应采取的措施。

押题模拟试卷（三）

☆说明：从一至八题中任选六题作答，每题20分，共120分

第一题

某地拟建一公路，全长116.8km，项目沿线经过5个镇、10个村、2个工业区。所选路线跨越一级水源保护区、风景旅游区和一个自然保护区，跨过一条河流和两座山，周边还包括超高压变电站。沿线某些路段现有道路，将道路进行拓宽，标准路幅宽75m，主道双向八车道，两侧加设辅道和人行道，新增立交、跨线8座（2座全互通、3座半互通、2座跨线、1座环形回头匝道）、跨河桥梁1座、隧道300m；改造现有立交、跨线4座，保留立交、跨线2座。项目沿线最近的村庄距拟建公路300m，建设过程中拆迁房屋121 288m^2，临时建筑19 344m^2，征地面积13万亩。全程弃土点10个，取土点11个，有高填方段3 000m。项目总投资45亿元。项目选址区气候冬夏季有明显差异，夏季气候湿润多雨，冬季干旱、风沙大；降雨年内分配不均，主要集中在雨季7～8月份。

问题：

1. 项目噪声评价范围是多少？为什么？
2. 项目施工期的主要环境影响是什么？
3. 本项目生态环境现状调查的主要方法及内容？
4. 该项目工程分析的基本内容？
5. 本项目竣工后环境保护验收调查的重点是什么？

第二题

某地一国家规划矿区内拟“上大压小”，关闭周边 6 个小煤矿整合新建一个大型煤矿，产煤涉及规模为 400 万 t/a。根据项目设计文件，矿区地面有设计主井和副井各一处，通风井两处，洗煤厂一处。洗煤厂设尾矿库一座，洗煤废水能够重复利用。工程设矿井水地面处理站一个，拟配套建设一个瓦斯抽放站用于发电，并建设矸石场储存矸石作建筑材料。矸石场选在开采境界边缘地带的一处山凹内，预计可堆放矸石 30 年。

该矿区雨量充沛，植被丰富，易发生泥石流，区内农作物种类繁多。井区范围内有泉点 15 个，其中 5 个为村民饮用水源。开采境界内有中型河流一条，为下游某城市的饮用水源。工程预测最大沉陷区内有村庄 2 个，省级文物保护单位 4 处，其他均为农田和林地。

问题：

1. 该项目生态环境影响评价的重点内容是什么？
2. 简述该项目地表水环境影响评价的重点。
3. 该项目环境影响评价中对沉陷区的现场调查主要包括哪些内容？
4. 从目前国家煤炭产业政策要求来看，本矿建成投产前必须落实哪些措施？
5. 该项目中，煤矸石堆场大气污染物控制因子是什么？
6. 该项目的主要环境保护目标有哪些？

第三题

某制糖企业位于规划的工业区（周围为农田），拟通过技改项目使现有日榨甘蔗6 000t规模扩建到10 000t 规模。利用企业现有厂址进行技改、扩建。技改后增加1台75t/h锅炉，废气及烟尘、二氧化硫将有所增加；结合“以新带老”措施，提高水的循环利用率，用无滤布真空吸滤机消除洗滤布水的产生，废水及水污染物将减少，技改后的全厂水平衡图见图3。废水污染物主要是COD、BOD_5、NH_3-N、SS。

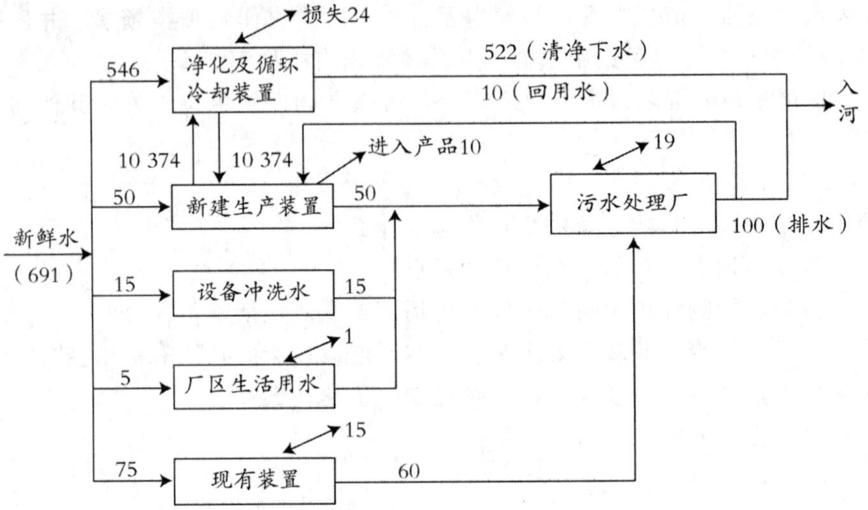

图3　技改后全厂水平衡（单位：m^3/h）

项目所在地环境空气质量执行二级标准，现状空气质量达标；A河流多年平均流量为$25m^3/s$。水环境功能执行Ⅲ类水质标准。

现状河流水环境质量不能满足Ⅲ类水质标准要求，主要超标指标为DO、BOD_5、COD。企业废水排放口下游10km有一集中式饮用水源取水口，由取水口至上游5km河段划定为饮用水水源一、二级保护区（其中一级保护区上边界距取水口550m）。

问题：

1. 根据给出的水平衡图，计算全厂工业用水重复利用率、水的循环利用率、污水回用率。
2. 在水平衡图中，污水处理厂排水的COD浓度限值为100mg/L，清净下水COD浓度为50mg/L，年操作小时为8 000h，计算COD排放总量。
3. 在“工程分析”中，对现有工程应分析哪几方面的内容？
4. 鉴于河流A的环境敏感性，提出本项目污水及污染物减排的措施或方案。

第四题

某糖厂建造工程占地总面积 2km²，总投资为 2 亿元，环保投资 2 000 万元，工程设计生产能力为日榨 10 000t 甘蔗，主要工程有压榨车间（甘蔗堆场、原料预处理）、制炼车间（蒸发、澄清、过滤、成糖）、石灰乳化间、机修间、皮渣除髓打包间，辅助工程有锅炉房及电力间、变电站及车间动力配电、照明通信系统、成品库、五金库、循环喷水冷却池、办公楼等配套设施。

本工程排污口下游 20m 处有国家级森林公园，评价区内还有少量其他国家级、自治区级濒危动、植物及特殊栖息地保护区、文物古迹等。工程废水就近排入水体，但水体的容量小而排污大，产生一定的矛盾。工程附近有小学和居民区，居民区最近离本工程地址只有 200m。

工程污染物排放以有机废水为主，其次为噪声污染和废气污染。废水主要是冷凝水，包括含高浓度 SS 的锅炉除尘冲灰水、含高浓度有机物的废糖蜜（橘水）、洗滤布水及少量洗罐水。锅炉燃料以蔗渣为主，废气的主要污染物为烟尘。噪声包括生产车间的设备噪声和运输噪声。

问题：

1. 本项目进行评价所需的污染物因子和指标有哪些？
2. 本项目评价的敏感点是什么？
3. 对于运营期产生的废水有哪些处理方案？
4. 对于各类废渣如何处理比较环保？
5. 对于噪声污染有哪些控制措施？

第五题

某地拟建一大型生活垃圾填埋场，集中填埋城市的各类生活垃圾，拟选场址有如下3处（见表5），并配套建设生活垃圾焚烧设施，焚烧炉日处理垃圾约200t。

表5　备选场地基本情况

场址条件	场址一	场址二	场址三
地质条件	山谷型填埋场	利于废弃矿井塌陷区填埋场	山谷型填埋场
距离敏感点距离	距离下风向村庄1km	距离下风向村庄6km	周边5km范围内没有村庄
交通运输便利性	需新修5km道路	需新修3km道路	需新修7km道路
距离水库距离	在规划水库淹没区之外	在规划水库保护区之外	不涉及对水库的影响
地下水水位	基础层底部与地下水最高水位距离大于1m	基础层底部与地下水最高水位距离大于1m	基础层底部与地下水最高水位距离约0.95m
洪水位条件	选址标高重现期小于50年一遇洪水位之上	选址标高重现期小于50年一遇洪水位之上	选址标高重现期小于50年一遇洪水位之下，但有可靠的防洪设施

问题：

1. 请确定哪个场址更为合理，指出未确定其他场址的原因。
2. 指出本工程应关注的主要环境影响有哪些？
3. 本工程焚烧炉烟囱高度不应低于多少？
4. 哪些生活垃圾可以直接进入填埋场？

第六题

某地拟对一山区河流进行水电梯级开发，河流长度约 380km，河床坡降较陡，天然落差大，水能资源丰富，流域面积 4 万 km^2，农田相对较少，且分散，区域社会经济发展水平较低，对外交通不发达。河流中经济鱼类较多，山丘植被均为次生林，野生动植物资源较为丰富，流域内有自然保护区 3 处（其中，国家级野生动物自然保护区 1 处），风景名胜区 5 处，但均为山丘区，从规划报告来看，水库淹没对自然保护区、风景名胜区影响不突出。规划报告提供了 3 个开发建设方案。规划创造从工程经济技术角度推荐了自上而下建设“一库七级”水电站方案，开发方式既有引水式也有堤坝式，还有混合式。规划方案实施后需迁移人口 5 万人，涉及 2 个县的 9 个乡镇 21 个村。

问题：

1. 生态环境现状调查主要内容。
2. 给出生态环境保护目标与评价指标。
3. 生态影响评价的主要内容。
4. 该规划环境影响评价总体上需充分考虑哪些因素？
5. 规划实施后的不利影响主要有哪些方面？

第七题

某地拟建一规模为年产冶金焦炭 120 万 t 的焦化厂，工程总投资 8 亿元。主要产品有冶金焦、焦炉煤气、硫铵、煤焦油、硫黄、粗苯等。该项目建设 2 座 55 孔 6m 焦炉及与其相配套的备煤系统、筛贮焦系统、150t/h 干熄焦系统，煤气处理量为 58200m^3/h 的煤气净化系统等。主要由备煤车间、炼焦车间、煤气净化车间及生产和生活辅助设施等组成。各车间的建设内容如下：

（1）各煤车间：翻车机、取料机、粉碎机、输送机、贮煤场和配煤室等。

（2）炼焦车间：2 座 55 孔焦炉、煤塔烟囱、贮焦场、输送机除尘站和 150t/h 干熄焦系统（包括焦罐车、装焦装置、干熄炉、排焦装置、焦炭输送机、干熄余热锅炉、锅炉给水系统、水循环系统、蒸汽系统、汽轮发电机组等）。

（3）煤气净化车间：初冷器、电捕焦油器、煤气鼓风机、氨水分离槽、脱硫塔、蒸氨塔、洗苯塔、焦油贮槽、粗苯贮槽等。

（4）辅助设施：包括生产辅助设施和生活辅助设施，生产辅助设施包括供配电设施、电信设施、仪表及过程自动化设施、供排水系统、循环水系统、酚氰废水处理站等。

炼焦车间废水产生量为 $9m^3/h$，干熄焦系统设备间接冷却污水排放量为 $180m^3/h$，这部分污水经设备制冷站处理后回用 60%；煤气净化车间各工艺废水产生量为 $124m^3/h$，其中 $26m^3$ 废水回用。项目废水经处理后排到附近的小河，河流水体功能为景观用水。

问题：

1. 项目污水总排放量是多少？水环境影响评价为几级？
2. 各车间污水水质及排放标准见表 7，请问项目污水处理站对污染物的去除率为多少时才能达到排放标准？

表 7　各车间废水水质及排放标准（单位：mg/L）

废水种类	COD_{Cr}	挥发酚	氰化物	石油类	氨氮
炼焦车间废水	2 000	400	11	30	90
煤气净化车间	4 500	600	18	50	195
干熄焦系统冷却水	0.5	/	/	/	/
一级排放标准	100	0.5	0.5	10	15
二级排放标准	150	0.5	0.5	10	25
三级排放标准	500	2.0	1.0	30	/

3. 应在哪个时期进行项目水环境现状调查？现状调查的范围多大？
4. 本项目进行水环境影响预测时，对于完全混合段有机物浓度的预测应采用何种模式？预测河流溶解氧与 BOD 的沿程变化时采用何种模式预测？
5. 本项目大气环境影响评价的主要评价因子是什么？

第八题

拟建生产规模 8×10^6 t/a 的露天铁矿位于山区，露天开采界内分布有大量灌木，周边有耕地。露天采场北 800m 处有一村庄，生活用水取用浅层地下水，采矿前需清理地表，剥离大量岩土。生产工艺为采矿→选矿→精矿外运。

露天采场平均地下涌水量 12 500m^3/a，用泵疏干送选矿厂使用。选矿厂年排出尾矿 $3.06\times10^4 m^3$，尾矿属第Ⅰ类一般工业固体废物。尾矿库选在距露天采场南 1 000m 的沟谷内。该沟谷呈东西走向，纵深较长，汇水面积 15km^2，沟底纵坡较平缓，有少量耕地，沟谷两侧坡较陡，生长较茂密的灌木，有一自北向南的河流从沟口外 1 000m 处经过，河流沿岸主要为耕地。沟口附近有一依山傍水的村庄，现有 20 户居民。

尾矿坝设在沟口，初期坝高为 55m 的堆石坝，后期利用尾矿分台阶逐级筑坝，最终坝高 140m，坝址下设置渗水收集池。尾矿坝渗水和澄清水回用于生产，不外排。尾矿库现有符合防洪标准的库内、外排洪设施。为保障尾矿筑坝安全，生产运行时坝前需保持滩长大于 100m 的尾矿干滩。

问题：

1. 应从哪些方面分析地表清理、岩土剥离引起的主要生态环境问题？
2. 露天采场运营期的主要水环境影响有哪些？
3. 给出尾矿库区植被现状调查的内容。
4. 简述运营期间尾矿库对环境的主要影响。
5. 尾矿库建设是否涉及居民搬迁？说明理由。

押题模拟试卷（四）

☆说明：从一至八题中任选六题作答，每题20分，共120分

第一题

某综合性医院选址在城市中心地带，设有床位300张，设有放射科（X光机、CT机）、传染病区等23个诊疗科室，员工400人。辅助生活设施有盥洗卫生间、办公室、洗衣房等。公用工程中有1台DZL 2-1.25-Ⅲ型燃煤锅炉，配有XZD-2型单筒旋风除尘器，烟囱高25m；1台YFL-AI型医疗废物焚烧炉，烟囱高6m。医疗废水二氧化氯处理系统一套，厂区绿化面积1 300m^2。工程总投资预算为5 000万元，环保设施投资85.4万元。工程于2010年3月立项，2012年7月试运行，2012年8月进行监测验收。废水经排洪沟排入淮河干流（Ⅲ类）。

项目污水处理工艺流程见图1。

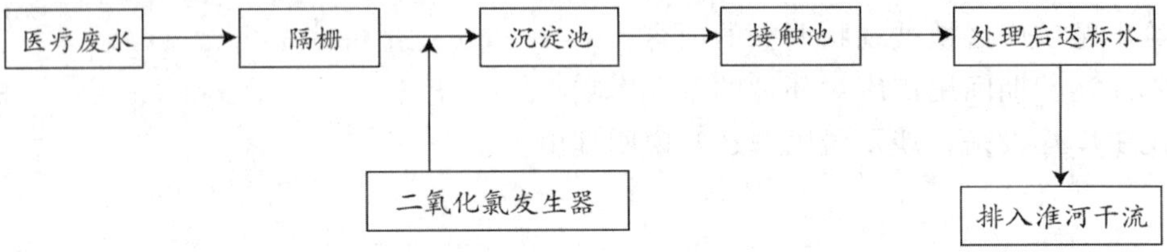

图1　项目污水处理工艺流程

问题：

1. 简述本项目竣工环保验收标准的确定原则。
2. 分析本项目竣工环境保护验收监测的范围。
3. 简述本项目竣工环保验收中废气和废水监测布点原则及点位布设。
4. 本项目竣工环境保护验收监测中，污染源监测的重点是哪些？简述本项目竣工验收监测的主要内容。

第二题

某市拟建设一年产 20 万 t 牛皮箱板纸项目，项目选址区位于该市东北方向约 3km 处，占地面积约 $42hm^2$，其中厂前区 $4.59hm^2$，生产区 $20.23hm^2$，原料堆场区 $17.18hm^2$。主要以废纸（占 85%）、木浆板（占 15%）为原料生产牛皮箱纸板。主要工艺如下：

废纸经链式输送机送到水力碎浆机中碎解，碎解浓度约为 4.4%，碎解后的浆料送到贮浆塔贮存。浆料用泵送到高浓除砂器、粗筛、去除粗杂质，再经锥形除渣器、精筛去除细小杂质，为节约能源，浆料经纤维分级机，长纤维部分经热分散系统去除热融物，再经双盘磨打浆，达到一定打浆度后贮于浆塔里以备造纸车间使用。短纤维则直接进入打浆后的贮浆塔或单独贮另一浆池里。

木浆板经链式输送机输送到水力碎浆机里碎解，碎解浓度约为 4.5%，碎解后的浆料经高浓度除砂器、大锥度精浆机、双盘磨打浆机后贮于浆塔里以备造纸车间使用。从废纸处理来的面浆、芯浆、底浆，分别进入各自的成浆池，经各自独立的流送系统上网成型后合成湿纸板，再经压榨、前干燥、施胶压榨、后干燥、冷缸冷却、压光后制成卷筒纸，最后经复卷后入库贮存。该工艺的综合水耗为 $18\sim20m^3/t$。

项目北侧 1km 的汐苍河为山溪性河流，自西向东流经该市市区，接纳了该市的生活污水，河床宽在 60～120m 之间，河段平均比降约为 5‰，城区河段较为平缓，仅为 0.5‰。河道流域内雨量丰富，多年平均降雨量 1 566.4mm，最大年降雨量 2 419.9mm，最小年降雨量 1 128mm，降雨年际变化较大。该河市区段多年平均径流在 $19\sim42m^3/s$ 之间，90%保证率最枯流量为 $9m^3/s$ 左右。造纸厂排水口 36km 处为一水库，是下游城市的水源地。

问题：

1. 该项目工程分析中水污染负荷应如何确定？
2. 水环境质量现状调查与评价的主要内容有哪些？
3. 该项目环境影响评价中水环境部分涉及的环境标准有哪些？
4. 水环境影响预测的时段和参数如何筛选？

第三题

某电厂 2×600MW 燃煤发电机组建设项目包括锅炉、汽轮机和发电机，配套工程有：新建 1 个 5 万 t 级煤码头泊位、2 个贮煤场，煤由产地运至电厂码头，通过卸煤机、带式输送机、煤堆场、取煤机送至锅炉。供水系统采用直接海水冷却，取海水 158 300m^3/h，公用工程淡水系统取水 610m^3/h，淡水取自厂北部的水库。每台机组配套 2 台双室电厂静电除尘器，并配有脱硫装置，采用低氮燃烧器。设置工业废水集中处理站、含油废水处理系统、煤场污水沉淀系统和生活污水处理系统。固体废物采用灰渣分除、干灰干排、粗细分排系统，干灰直接综合利用，调湿后的灰和脱水后的渣进行综合利用或送至灰场。验收监测时 1# 和 2# 机组的生产负荷分别为 455.55～467.01MW 和 552.18～565.30MW，额定功率均为 600MW。1# 和 2# 机组的除尘、脱硫、脱氮验收监测数据见表 3-1。

表 3-1　1# 和 2# 机组的除尘、脱硫、脱氮验收监测数据

监测项目	监测断面	烟气流量（m^3/h）	质量浓度（mg/m^3）	产生量或排放量（kg/h）
烟尘	1#、2# 机组除尘器进口	（1.58、1.87）$\times 10^6$	3 964、5 349	?
	1#、2# 机组除尘器出口	（1.76、2.06）$\times 10^6$	26.4、46.1	?
二氧化硫	1#、2# 机组脱硫进口	（1.76、2.06）$\times 10^6$	646、479	?
	1#、2# 机组脱硫出口	（1.50、2.16）$\times 10^6$	21.2、19.5	?
氮氧化物	1#、2# 机组脱氮出口	（1.50、2.16）$\times 10^6$	360、572	?

无组织排放源主要是堆煤场及装卸、输送过程中产生的煤粉。项目采用全封闭式输煤系统。验收监测时，在煤场设置 1 个参照点和 4 个监控点，监测数据见表 3-2。

表 3-2　无组织排放粉尘监测结果

监测次数	监测点（mg/m^3）				
	1#（参照点）	2#（监控点）	3#（监控点）	4#（监控点）	5#（监控点）
1	0.126	0.171	0.189	0.135	0.297
2	0.055	0.064	0.091	0.064	0.118
3	0.072	0.145	0.081	0.100	0.081
4	0.037	0.046	0.055	0.091	0.091

问题：

1. 计算 1# 和 2# 机组的生产负荷率，判断其是否满足国家对建设项目环保设施竣工验收监测的要求。根据表 3-1 计算烟尘、二氧化硫、氮氧化物的产生量或排放量、除尘和脱硫效率。
2. 按全年 365d，计算烟尘和二氧化硫排放总量。
3. 根据《大气污染物综合排放标准》（GB 16297—1996），新污染源大气污染物排放限值中颗粒物（其他）的最高允许浓度 120mg/m^3，无组织排放监控浓度限值周界外浓度最高点为 1.0mg/m^3，判断该项目验收监测是否达标，无组织监控点位的设置必须遵循哪些原则？

4. 对于该项目的有组织排放废气，应如何设计监测断面、监测频次？

第四题

南方某山区拟建水资源综合利用开发工程，开发目的包括城镇供水、农业灌溉和发电。工程包括一座库容为 2.4×10^9 m^3 的水库、引水工程和水电站。水库大坝高 54m，水库回水长度 27km，水电站装机容量 80MW。水库需淹没耕地 230hm^2，移民 1 870 人，安置方式拟采用就地后靠。农业灌溉引水主干渠长约 30km，灌溉面积 6×10^4 hm^2。城镇供水范围主要为下游地区的 2 个县城。

库周及上游地区土地利用类型主要为林地、耕地，分布有自然村落，无城镇和工矿企业。河流在水库坝址下游 50km 河段内分布有经济鱼类、土著鱼类的索饵场、产卵场。

项目区域面积 35km^2，区域内有一省级自然保护区，但不影响该区。邻近 8km 有一二级水源保护区，占有基本农田 1 088.9 亩。

问题：

1. 大坝上游陆域生态环境现状调查应包括哪些方面？
2. 指出水库运行期对下游河段鱼类的主要影响因素。
3. 针对本工程移民安置，环评需考虑哪些环境影响？
4. 提出对水库工程需要考虑的环境保护工程措施和环境管理计划。

第五题

根据某省公路网规划，拟在 A、B 两市之间新建一条全长 78km 的双向六车道高速公路，工程总投资约 70 亿元，属于大型工程。按照工程可行性研究，设计营运中期交通量为每天 28 000 辆（折合小客车），行车速度 120km/h，路基宽 35m，平均路基高度 2.5m，路基边坡为 1∶1.2；工程土石方量约 $910\times10^4\mathrm{m}^3$，拟设置取土场 18 处、弃土场 5 处；全线需征地 $320\mathrm{hm}^2$，基本为耕地（其中旱地 $260\mathrm{hm}^2$、水浇地 $35\mathrm{hm}^2$）；工程临时占地 $75\mathrm{hm}^2$（全部为旱地）；全线仅在公路中段建设中型桥梁一座，共设服务区 1 处，收费站 5 处。

初步了解，工程所处的 A、B 两市均属平原微丘区，存在水土流失；该地区以旱地农作物种植为主，有国家重点保护野生动物活动。A、B 两市共有 2 座燃煤电厂，目前粉煤灰均用汽车送各自的贮灰场贮存。

评价范围有村庄 38 处，现状声环境质量总体较好，根据初步预测，工程建成后可能使部分村庄噪声级增高 3～11dB（A）。桥梁跨越 X 河流（属Ⅲ类水体），其下游 10km 范围内有一城镇集中式饮用水源地。

问题：

1. 确定本工程声环境影响评价工作等级并说明理由。
2. 在预测营运中期时各村庄的噪声影响时，需要的主要技术资料有哪些？
3. 为进行生态环境影响评价，现状调查时还需收集有关国家重点保护野生动物和水土流失的哪些信息？
4. 根据本工程基本情况，简要说明保护耕地的具体措施（限列 6 种措施）。
5. 针对本工程桥梁，提出其运营期水环境风险防范的具体措施建议。

第六题

西北某坑口电厂现有 2×135MW 燃煤发电机组，燃煤含硫率 0.8%，配备电除尘器，未配备脱硫和脱氮设施，烟囱高度 120m，生产用水取自自备水井。燃煤由皮带输送机运输到厂内露天煤场，煤场未设置抑尘设施。电厂采用水力除灰，灰场设在煤矿沉陷区，灰水处理后排入距厂区 1.5km 的纳河（Ⅲ类）。拟在现有厂区预留工业用地内建设 2×600MW 超临界凝汽式发电机组，采用循环流化床以及五电场静电除尘器，石灰石—石膏湿法脱硫（脱硫效率 95%），低氮燃煤技术，采用 SCR 脱氮，烟囱高度 240m。燃煤来源和成分与现有机组相同。扩建工程小时燃煤量 480t，吨煤燃烧产生烟气量 6 500Nm^3，新建机组供水水源为纳河。烟囱出口 SO_2 排放浓度 100mg/Nm^3，NO_x 排放浓度 168mg/Nm^3。经估算，新建工程的 SO_2、NO_2 小时地面浓度和距离列于表 6 中。距离烟囱 30km 有一国家自然保护区。

表 6 估算模式计算结果

下风向距离（m）	污染物扩散计算结果（mg/m^3）		下风向距离（m）	污染物扩散计算结果（mg/m^3）	
	污染物A-NO_2	污染物B-NO_2		污染物A-SO_2	污染物B-SO_2
500	0.10	0.06	3 500	0.26	0.21
1 000	0.15	0.09	4 000	0.29	0.20
1 500	0.23	0.11	4 500	0.13	0.18
2 000	0.31	0.14	5 000	0.10	0.15
2 500	0.36	0.16	5 500	0.08	0.14
3 000	0.34	0.19	/	/	/

灰渣属一般工业废物Ⅱ类，新建干灰场位于电场西北方向 25km，灰场长 1.2km、宽 0.25km，为山谷型灰场。灰场所在的沟谷沟长为 5km，两侧为荒坡，地势北西高、南东低，水文地质调查表明，岩土的渗透系数大于 1.0×10^{-5} cm/s。本地区主导风向为 ENE，该区域属于酸雨控制区和二氧化硫污染控制区，环境功能区为Ⅱ类，现有监测资料表明：在其主导风下风向的 3 个环境敏感点的 NO_2 日均浓度略微超过标准值。项目所在地声环境属于 2 类功能区（2 类功能区夜间限值为 50dB（A））。现有电厂冷却塔和新建冷却塔均靠近北厂界，北厂界外 50m 有一村庄甲（人口约 500 人）。声环境质量现状监测值结果表明：北厂界夜间 54.7dB（A），村庄甲夜间 48.5dB（A）。经预测结果表明：现有电厂冷却塔和新建冷却塔对北厂界和村庄甲的噪声贡献值分别为 42.8dB（A）、48.8dB（A）和 42.4dB（A）、48.5dB（A）。

注：A-SO_2 的小时浓度二级标准为 0.50mg/m^3，B-NO_2 的小时浓度二级标准为 0.24mg/m^3，排放的 NO_x 全部转化为 NO_2。

问题：

1. 指出现有工程应采取的"以新带老"环保措施。
2. 按《环境影响评价技术导则　大气环境》确定大气评价等级和评价范围。
3. 计算燃煤中硫生成 SO_2 的份额。
4. 提出防止新建灰场对地下水污染的防治措施及地下水监测布点。

5. 分析北厂界噪声和村庄甲达标情况，提出评价意见和建议。

第七题

某省工业发展规划项目主要目的是从战略高度评价该省工业发展规划可能产生的环境影响，提出指导工业发展的环境保护对策和预防减缓环境影响的措施，为保护生态环境、防止环境污染奠定科学基础，为工业合理布局、产业结构合理调整提供科学依据，为贯彻落实科学发展观，保证经济增长、社会进步与环境保护的协调发展提供重要环境决策依据。评价主要从工业布局、产业结构优化、资源配置、基础设施等方面提出具有可操作性的规划方案调整建议，以及减缓规划方案环境影响的整体性对策措施，保障社会经济发展满足可持续发展战略要求。

该规划的主要目的是为了全面实现小康社会目标，贯彻落实政府的发展战略，而当地工业正面临着经济全球化趋势深入发展，国内外市场需求增大，多重机遇的叠加优势，产业梯度转移趋势增强等优势，同时当地工业经济总量偏小，主导地位不突出，工业结构矛盾突出，产业链条短，附加值低，企业规模小，产业集中度低，企业改革相对滞后，企业自主创新能力较弱，增长方式粗放，煤电油运供应面临巨大压力等劣势。

重点发展工业有林业、钢铁、有色金属、电力、汽车、食品、医药、高新技术、机械、制糖、造纸、建材、冶金、石化、农产品加工、纺织、电子、烟草等。

问题：

1. 规划评价可以采取的评价方法？
2. 规划环境影响识别主要考虑哪些内容？
3. 在生态环境保护上可以采取哪些措施？
4. 生态环境影响评价主要考虑哪些工业影响？

第八题

某油田开发建设工程中一新开发的区块位于西北干旱地区，区域面积 $30km^2$。新开发区块与已有区块相邻，依托已有联合站。开发建设工程设计年产油 3.0×10^5t，原油通过新建的 70km 管线输送至联合站，经脱水除气处理后外输，脱水除气过程产生的天然气不含硫，用作燃气伴热加热炉燃料，加热炉用于原油输送伴热。

联合站原有 3 台 A 型 10t/h 燃气伴热加热炉，2 用 1 备；2 台 4t/h 燃煤供暖锅炉，1 用1 备。在联合站预留场地新建 1 个 $5\times10^4m^3$ 原油储罐和 2 台 B 型 10t/h 燃气伴热加热炉。联合站内部分设施有非甲烷总烃排放，联合站周围 200m 范围内为平坦空地。新建的输送管线中有 5km 沿途两侧分布稀疏灌草，该段管线 1km 外有稀疏胡杨林分布。

环评中确定的生态评价范围包括油田开发区域、联合站及周边和输油管线中心线两侧 300m。环保行政主管部门明确要求工程建设过程中减少植被破坏，及时进行植被恢复，联合站的 SO_2 排放总量不得增加。

工程建设单位拟申请竣工环保验收。经初步调查确定，该油田开发工程环保设施实际建设情况与环评批复一致，年产油量已达 2.0×10^5t。生产设施和环保设施运行正常，联合站没有增加燃煤量，但煤的来源有变化。在工程建设期间与胡杨林分布区相距 1km 的管线地段被划入了省级胡杨林自然保护区。

问题：

1. 本工程运行工况是否满足竣工环保验收调查要求？说明理由。
2. 确定本工程生态环境验收调查范围，说明理由。
3. 为判断联合站大气污染物是否达标排放，应至少设置哪些监测点位？说明理由。
4. 联合站的 SO_2 排放总量能否满足环评批复要求？说明理由。
5. 在进行生态保护措施及其有效性调查时，除落实环评及其批复的文件要求外，还应开展哪些工作？

押题模拟试卷（五）

☆说明：从一至八题中任选六题作答，每题 20 分，共 120 分

第一题

某铝业公司的电解铝项目工程，电解铝生产规模 10 万 t/a，主要生产车间包括电解厂房、铸造车间、拉丝车间、整流车间、修配车间、化验室、油库、仓库等。

工程建设内容包括：原料仓库、煅烧车间、沥青熔化、生阳极车间、焙烧及炭块库、残极处理车间、焙烧烟气净化系统、煤气站（含机器间、煤堆场）、热媒锅炉房（含热水锅炉）、煤气站循环水系统、煅烧循环水（含生阳极净循环水）系统、生阳极浊循环水系统、10kV 配电所、汽车衡磅房、车间办公楼、综合管网系统等建设内容。生产过程中产生的大部分含氟废气未经处理直接排放，废渣主要集中于工程北部的渣场。

主要生产设备包括：电解槽、混合炉、铝锭铸造机、中频感应炉、残极压脱机、磷铁环压脱机、整流变压器、高压开关柜、袋式除尘器、排烟风机、空压机、蒸汽锅炉等。厂外运输以铁路运输为主，厂内运输主要为各车间的物料运输，运输方式以汽车运输为主。

问题：

1. 工程运营期主要产生的废气污染物是什么？
2. 进行施工期环境影响分析。
3. 运营期废气治理有哪些措施？
4. 运营期噪声防治有哪些措施？
5. 施工期有哪些污染防治措施？

第二题

某地工业区拟建一大规模电镀厂，项目占地 65 万 m^2，共有 5 个电镀车间，车间一到五分别采用不同的电镀工艺。电镀生产工艺流程（见图 2）一般为：金属件进行冲压、加工、成型，经过抛光、磨砂处理后，对镀件进行前处理，包括除油、除锈、洗水等，然后镀件上镀槽，镀完后进行钝化、洗水漂定等处理。各车间所采用的电镀工艺和镀液见表 2。

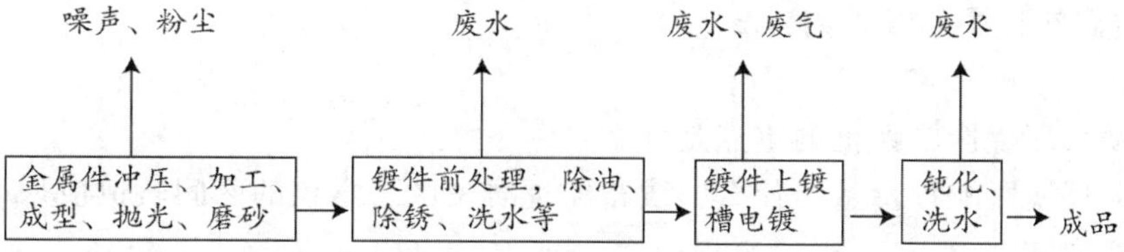

图 2 电镀生产工艺流程

表 2 各车间电镀工艺及所用镀液

车间	镀种	镀液名称
车间一	锌	氨三乙酸镀锌吊镀/滚镀
		锌酸盐镀锌
车间二	镉	氰化镀镉吊镀、滚镀
车间三	铜	硫酸镀铜
车间四	镍	光亮镀镍
车间五	氰化镀银	一般/光亮镀银

除生产厂房外，项目还建有环保设施和服务设施。环保设施包括工业废水处理系统，工业废水处理达标后与生活污水一起排入整个工业区的二级污水处理厂。

问题：

1. 分析本项目的主要产污环节。
2. 该项目的清洁生产指标包括哪些？
3. 如何对该项目进行环境保护验收监测布点？
4. 该项目的污水排放应执行什么标准？
5. 若项目选址区周围有一河流，河流功能为水产养殖区，请问本项目的污水能否排入该河流？若项目污水排入附近的海域，还需要哪些手续？

第三题

拟建某城市轨道交通项目，建设内容是地下段 8km，车站 7 座。车站采用明挖法施工，区间主要采用盾构法施工，小部分采用矿山法和明挖法施工。其中一座车站用地的一部分是原农药厂的厂区，经场地环境评价，确定表层土壤中农药含量略超过土壤环境质量标准，深层没有发现超标。

线路经过 1 个居民区、1 所学校，其中学校位于线路正上方；居民区建筑物类型为Ⅱ类，与线路轨道中心线距离 45m。

问题：

1. 该项目环境影响评价的重点是什么？
2. 振动环境影响评价量是什么？线路经过居民区、学校的区间轨道应采取什么振动治理措施？
3. 施工期环境影响最小的施工方法是什么？施工期应采取什么环保措施？
4. 对原农药厂厂区车站用地的土壤应采取什么措施？是否必须修复？
5. 对地铁车站的评价应考虑哪些环境因素？

第四题

拟建项目为医院实验室，实验内容主要为检测尿样和血样。

检测尿样是将某些成分从尿液中分离出来，再用仪器进行定量分析。在实验过程中，加入多种有机溶剂，样品放入烘干橱晾干，温度约 60℃，采用机械排风方式。样品中的有机气体通过排气筒排入大气，有 6 个排气筒，一字排开，高 10m，相距 5m；每个排口风量 4 000m^3/h，非甲烷总烃排放浓度为 100mg/m^3，风机放在屋顶。使用的化学试剂见表 4。

表 4　实验室化学试剂

名称	用量/（L/a）	危险性
叔丁基甲醚	600	极易燃
乙酸乙酯	700	
乙醚	400	
异丙醇	40	
丙酮	120	
甲醇	100	
乙腈	250	

问题：

1. 对该项目环境影响因素进行识别，列出主要环境影响因素。
2. 15m 高排气筒非甲烷总烃排放速率为 10kg/h，排放浓度标准为 120mg/m^3，排气筒非甲烷总烃排放是否超标？请说明原因。
3. 该项目的固体废弃物有哪些？对该项目的固体废物处置应提出哪些要求？
4. 说明本项目排放废水应执行的标准。

第五题

某市拟建一固体废物安全处置中心，其主要的建设内容包括：安全填埋场、物化处理车间、稳定/固化处理车间、公用工程及生活办公设施等。该地区主导风向为西南风，降雨充沛。

拟选场址一：位于低山丘陵山坡及沟谷区，某村东北侧（直线距离 1.8km），主要植被为人工种植的果园、水稻、蔬菜等，交通方便，需建进场公路 1 000m，垃圾运输沿途经过 3 个村庄，人口居住稀疏。选址区场地外东北侧为地势最高点，场地北部有一条东西走向沟谷，在沟谷西部有一个人工土石坝，沟谷汇水在此形成一个人工鱼塘。场地外南侧池塘为最低点，场地南部汇水沿南侧坡地汇入南部沟谷向南流出。选址区南侧 5km 处有一处森林公园，位于最近水厂取水点上游 25km 处。选址区西边界（200m）外有一高压高架输电线穿过。

拟选场址二：位于某村庄北面山谷（距离该村 1.5km），地表植被主要为马尾松—芒萁群落和人工种植林，交通方便，需建进场公路 800m，垃圾运输沿途经过 2 个村庄，人口居住比较密集。选址区临近森林公园（约 1km），场地周围地势南高北低，北侧有一水塘（非饮用水）。选址区位于最近水厂取水点上游 20km 处，距最近变电站 1km。

问题：

1. 分析评价新建公用工程在厂内布局的环境合理性。
2. 指出本项目大气和水环境现状调查中应考虑的特征污染因子。
3. 识别本项目贮存设施中重大危险源和环境风险评价重点保护目标（苯、苯乙烯、液氨贮存设施临界量分别为 50t、100t、100t）。
4. 确定排污口上游河段水质现状监测断面位置。
5. 根据当地环保行政主管部门对 C 河的管理要求，分析本项目的环境可行性（选择 COD 作指标给出定量结果，计算新增污水量时不计损耗）。

第六题

滇东南地区某山岭重丘区高速公路工程，全长62.05km，其中山岭区长18.9km，设计行程速度60km/h，路基宽22.5m；重丘区43.15km，设计行程速度80km/h，路基宽24.5m。

主要工程数量如下：土方$287.5\times10^3m^3$，石方$320.4\times10^3m^3$，特大桥5座，大桥20座，隧道5座，长4 740m，立体交叉9处，永久占地$291.79hm^2$，拆迁建筑物$10\ 300m^2$，拆迁户数58户，210人。沿途永久占用土地包括水田$19.9hm^2$，荒地$70.3hm^2$，经济林$0.56hm^2$，橙杂林$68.2hm^2$，河沟水体$10.89hm^2$，道路$1.09hm^2$，临时占用旱地$1.04hm^2$，荒地$125.2hm^2$，该项目选线横跨南盘江，在项目起点K3.0～K4.5处，经过作为当地水源地的丰收水库集水范围。

问题：

1. 该项目的主要环境影响有哪些？评价重点是什么？
2. 如何进行该项目的水土流失预测？
3. 生态影响评价的主要内容包括哪些？
4. 项目主要环境风险有哪些？如何评价？
5. 主要环境要素的评价等级如何确定？
6. 该公路竣工通车前具备哪些条件方可进行环保验收？应提交什么文件？

第七题

某公司拟投资40亿元在渤海湾北岸近海某浅滩建设2个人工岛进行油气开发。工程建设内容包括新建A、B两个沙石实体人工岛，占用海域约$0.5km^2$，其中A人工岛离岸距离远，B人工岛相对较近，B人工岛上布置污水处理厂和部分生活楼等设施。两岛之间建设连岛路，路堤上铺设输油管线，A人工岛南侧布置有码头仅作为人工岛上物资供给船的靠岛工具，A人工岛与码头之间用引桥、引堤连接。同时，新设陆岸终端1座，B人工岛与陆岸终端之间铺设输油和输水管线，管线铺设方式为预挖沟方法。工程建设完成后在2个人工岛共布设原油开采井500口，其中原油开采井400口、注水井100口，井口深度约2 800m，设计采油规模400万t/a。可研设计该项目原油开采产生的泥浆、钻屑就地沿人工岛周边进行排放。原油开采后先集中输送至B人工岛进行油水分离，含油污水入污水处理厂进行处理合格后作为注水水源进行回注不外排，脱水后的原油输送上陆岸终端进行集中处理。该项目永久占用海域$0.5km^2$，临时占用海域面积$2.1km^2$。

已知人工岛建设地点为沙坝岛屿，属于浅滩潮间带和水下浅滩地貌类型，绝大多数区域水深0～2m。人工岛北侧3.5km处为浅海养殖区，距离海底输油管线南侧约3km处为某海产品制造工厂，项目西南侧5km处为一个深水槽，为工程附近区域工业用水的水源。项目较远处有西北侧10km的某海洋水产资源保护区。

问题：

1. 该项目海上环境影响评价的重点是什么？
2. 简述该项目海洋环境保护目标主要包括的内容。
3. 根据上述素材分析本项目可研设计中泥浆钻屑的排放是否存在不利于环境保护的内容？根据海洋环境保护的相关规定应该如何进行纠正？
4. 简要分析工程各阶段非污染环境影响分析内容。

第八题

在某工业园区新建某包装有限公司工程，工程占地面积30 000m^2，总投资2 500万元，主要生产产品为纸箱，辅助材料为箱板纸、油墨、玉米淀粉和片碱，能源来源于煤炭。该工程北部有一个200m^2的小水塘，规划中将把其填为陆地，与西侧的马路相距仅1km，与北侧的马路相距仅700m，马路另外一侧有村落，该地区有国内著名的风景名胜区，以及为周边方圆20km^2以内居民提供水源的天然河流。项目所在地的气候特点是季风显著，年均降雨量1 500mm，降雨集中在3～8月，年均气温为20.9℃，极端高温38.3℃，极端低温为－1.3℃。项目西南侧约2km为一般保护水域，现状功能为养殖、灌溉，环境质量执行《地表水环境质量标准》的Ⅴ类标准。本项目污水就近排入市政污水管网进入污水厂，污水厂的尾水排入河流。项目使用土地为平整后的工业用地，无植被覆盖。

问题：

1. 项目的主要环境保护目标是什么？
2. 指出项目运营期的主要水污染源。
3. 运营期产生的废气主要来源于哪里？
4. 运营期的主要环境保护措施有哪些？

押题模拟试卷（六）

☆说明：从一至八题中任选六题作答，每题 20 分，共 120 分

第一题

国家规划某矿区拟建原煤生产能力 240 万 t/a 的煤矿。井田面积 $55km^2$，煤层埋深 100～300m，储量丰，煤质优，平均含硫量 1.6%。拟同步建一矸石电厂与矿井工业场地相距 1km，公路可达，电厂用水拟采用地表水。煤矿位于风蚀为主的黄土高原，井田内耕地约占 15%，其中基本农田约占耕地的 1/3，井田内植被主要为灌丛和天然牧草，植被覆盖率约 38%，属大陆性季风气候，年均降水量 460mm，降水集中在 6～8 月，年蒸发量 2 880mm。井田内有 7 个村庄（360 户 1 500 人），西北部有明长城遗址（省级文物保护单位），有由西北向东的一级公路通过；一小河 A（属Ⅲ类水体）从井田中部流过；矿井工业场地位于公路南侧，拟占用一部分耕地（已取得征地手续），煤矿原煤经筛分破碎分级出售；矿井水拟经一级沉淀处理后 60%回用于井下，其余达标排入小河 A；年产煤矸石（Ⅰ类固体废物，热值 7.0MJ/kg）60 万 t。经可行性研究预测，矿井运行后地表沉陷深度约 4～5m。

问题：

1. 根据国家煤炭开采政策，本工程应配套建设的工程是什么？说明理由。
2. 列出地面主要环境保护敏感目标。
3. 针对明长城遗址，提出煤矿开采的保护措施。
4. 从节约水资源的角度，给出矿井水的回用途径。
5. 给出本工程矸石场选址的环境保护要求。

第二题

某部门的乙烯炼化一体化原油储运配套工程，原油管线全长 230km，设计输油量 2 000 万 t/a，储油罐 140 万 m^3。工程分 4 个站场工程和 6 条线路工程，在首站建 6 座 10 万 m^3 外浮顶油罐，在一个分输站建 8 座 10 万 m^3 外浮顶油罐，无组织排放废气主要是原油储罐呼吸排放的含烃气体，每个原油储罐大呼吸挥发的非甲烷总烃排放量为 140t/a。工业固体废物主要是油罐定期清洗过程中产生的罐底污泥，油罐平均 6 年清洗一次，每个原油储罐检修清洗产生的污泥为 12t。总投资 21.2 亿元，其中环保投资 1.7 亿元。该项目沿线穿跨大、中型河流 12 次，小型河流、沟渠共 45 次，穿跨河流总长 12.34km，其中定向穿越河流长度 10.30km。沿线穿经铁路 10 次，总长 1.34km，穿经一般公路 73 次，总长 3.20km。沿线有 3 处自然保护区。

问题：

1. 该项目的生态环境影响分析与评价应包括哪些内容？
2. 根据输油管线项目建设的特点，应采取哪些方面的生态保护措施？
3. 该项目的环境风险主要表现在哪些方面？
4. 根据素材提供的数据，计算首站和分输站油罐无组织排放的非甲烷总烃的量。
5. 计算清洗首站和分输站油罐产生污泥的量的平均值，以 t/a 为单位。并判断这些工业固体废物属于哪一类？应如何处置？
6. 从正面影响和负面影响两个方面对该项目进行定性的经济损益分析。

第三题

某市现有一座处理能力 600t/d 的生活垃圾填埋场，位于距市区 10km 处的一条自然冲沟内，场址及防渗措施均符合相关要求。现有工程组成包括填埋区、填埋气体导排系统、渗滤液收集导排系统以及敞开式调节池等。渗滤液产生量约 85m^3/d，直接由密闭罐车送距填埋场 3km、处理能力为 $4.0\times10^4 m^3/d$ 的城市二级污水处理厂处理后达标排放，填埋场产生的少量生活污水直接排入附近的一小河。

随着城市的发展，该市拟新建一座垃圾焚烧发电厂，设计处理能力为 1 000t/d，建设内容包括两座焚烧炉、2×22t/h 余热锅炉和 2×6MW 发电机组。设垃圾卸料、输送、分选、贮存、焚烧、发电、飞灰固化和危险废物暂存等单元，配套建设垃圾渗滤液收集池、处理系统和事故收集池。垃圾焚烧产生的炉渣、焚烧飞灰固化体均送现有的垃圾填埋场。垃圾焚烧发电厂距现有垃圾填埋场 2.5km，不在城市规划区范围内。厂址及其附近无村庄和其他工矿企业。

问题：

1. 简要说明现有垃圾填埋场存在的环境问题。
2. 列出垃圾焚烧发电厂主要的恶臭因子。
3. 除了垃圾贮存池和垃圾输送系统外，本工程产生恶臭的环节还有哪些？
4. 给出垃圾贮存池和输送系统控制恶臭的措施。
5. 简要分析焚烧炉渣、焚烧飞灰固化体处置方式的可行性。

第四题

某地拟在一滨海风景名胜区附近建一所国际一流的国际会议中心、滨海旅游度假中心。项目规划总面积 1 293.13hm^2，建设用地 558.28hm^2，总建筑面积约 36.48 万 m^2（含保留需改造的住宅 4.98 万 m^2），总投资 13.6 亿元。

本项目以建设高档次的国际会议中心、度假酒店、商业娱乐、体育休闲运动、高级会员公寓等设施为主，同时进行沙滩区、生态防护绿地、潟湖水域及旧村等区域进行适度改造及完善，沿潟湖岸边设置山湖步行景观道路，适当布置一些建筑小品，改造片区的主要交通道路及新建片区内部道路交通网络，并沿路同期配置给水、排水、电力、电信等市政管线，以及园林绿化、广场及停车场、环卫设施等配套设施。

项目选址区现状用地主要有菜地、村庄、鱼塘，沿海滨分布着 3km 长的海滩及沙滩防护林，选址区西南面和南面各有一片潟湖，中部存在一片珍贵的香蒲桃林，海滩东头有鲍鱼厂，选址区内还散布着果园及沙石场，西南侧有一处滑坡高危区，另外选址区内存在大量未开发区及空地。

问题：

1. 分析本项目的主要环境影响？
2. 分析项目的规划方案时应注意哪些问题？
3. 本项目生态环境影响评价范围？
4. 本项目的建设存在哪些潜在的环境风险问题？

第五题

某天然气管道工程包括 1 条干线、1 条支干线和 3 条支线，全长 2 000km，设计输送压力 10MPa，管径采用 864mm。该项目主要内容及规模：新建气体快速截断、在线分析、分离、计量、增压、越站旁通系统，清管器发送、自动控制、压缩空气系统，紧急截断和放空系统及站场辅助配套系统。设计天然气处理能力为 120×10^8 m^3。

管道沿线设立 27 座工艺站场。全线共设截断阀室 130 座，其中干线设阀室 50 座，支干线设阀室 30 座，支线设阀室 30 座。管道外防腐层全线采用环氧粉末聚乙烯复合结构（三层 PE）；阴极保护采用以强制电流阴极保护为主，以牺牲阳极保护为辅的阴极保护方法。附属工程包括通信和自控系统、供水、供热、供电等。站场建设包括新建生活污水化粪池、沉淀池、生产污水收集系统、地埋式一体化污水处理设施。

问题：

1. 本项目的主要环境影响和污染物排放情况如何？
2. 为预防或者减轻不良环境影响，可以采取哪些对策和措施？
3. 该建设项目对环境的影响有哪些？

第六题

某地拟建一垃圾焚烧发电厂及炉渣填埋场，首期建设规模为600t/d，建设工期为两年，日耗水量约为2 000t/d（主要是循环冷却水）。该项目总投资在2亿～3亿元，职工总人数约为50人，年发电量在6 000万～8 000万kW·h。厂区占地8.5hm^2，已预留日后发展用地。按照规划，该厂最终垃圾日处理量为1 200t/d。残渣填埋区一期征地面积约为43hm^2（含水库面积9.2hm^2）。残渣填埋区规划控制用地（二期征地）35.63hm^2，填埋容量约为190万m^3。

项目选址区位于山谷台地上，东面3km处有一水库，水库主要用于养殖鱼、鸭，东面2.5km处是林场，西北1.5km处有一村庄，南面8km处为一城镇。选址区周围为丘陵，地表坡度一般在12°～25°之间，坑谷最低标高17m，山脊标高70～125m。选址区雨水汇入水库下游的小河，小河水环境功能为景观用水。附近地区自然植被多为人工马尾松中幼林及杉木林和矮灌丛林，代表植物群落为马尾松-桃金娘、岗松-鹧鸪草群落。近年来，自然植被被大量砍伐，经济作物成为主导植被类型，主要有荔枝、柑橘等。选址区下游谷地主要为果园和苗圃。选址区气候属于南亚热带海洋性季风气候。全年温和暖湿，光热充足，年平均气温21.4～22.3℃，一月份月均温12.9℃，七月份月均温28.7℃。年降雨量1 519.2～2 206.5mm，多为台风降雨，集中在5～8月。多年平均相对湿度为79%。受南亚热带季风影响，常年主导风以偏东风为主。

问题：

1. 该项目的主要环境影响是什么？
2. 运营期大气的环境影响预测应采用何种预测模式，主要预测内容包括什么？
3. 项目大气环境影响的主要评价因子包括哪些？
4. 该项目竣工大气环境保护验收监测如何布点？
5. 在确定该选址区为可选场址之前还需做哪些工作？

第七题

某油田拟新开发一个 3 500hm^2 区块，年产原油 60×10^4t，采用注水开采，管道输送。该区块新建油井 800 口，大多数采用丛式井；钻井废弃泥浆，钻井岩屑、钻井废水在井场泥浆池中自然干化，就地处理；集输管线长约 110km，均采用埋地敷设方式。

开发区块土地类型主要为林地、草地和耕地。区内有小水塘分布，小河甲流经区内，并在区块外 9km 处汇入中型河乙，在交汇口处下游 8km 处进入县城集中式饮用水源地二级保护区，区块内有一省级天然林自然保护区，面积约 600hm^2，在自然保护区内不进行任何生产活动，井场和管线与自然保护区边缘的最近距高为 500m。集输管线穿越河流甲一次。开发区块内的主要土地类型和工程永久占地类型见表 7。

表 7 开发区块主要土地类型和工程永久占地（单位：hm^2）

类型	基本农田	草地	林地	河流水塘	合计
区块现状	1 210	900	1 300	90	3 500
工程占用	7.9	11.9	0.8	0.4	21.0

问题：

1. 确定本项目的生态影响评价工作等级并说明理由。
2. 指出本项目的生态环境保护目标。
3. 识别本项目环境风险事故的源项，判断事故的主要环境影响。
4. 从环境保护角度判断完井后固体废物处理方式存在的问题，简述理由。
5. 简述输油管道施工对生态的影响。

第八题

某冶金企业拟为炼铁工程配套建设一个焦化厂，年产冶金干全焦（折合为不含水分的合格冶金焦）150 万 t。项目总投资 20 亿元，主体工程为 2 座 50 孔炭化室（高 5.5m）捣固焦炉，筛焦、煤气净化及化产回收工程等。辅助工程有循环供水系统、输配煤系统、供电系统。配套工程包括：190t/h 干熄焦，装煤出焦除尘、备用湿熄焦、酚氰废水站等。项目主要的废水为酚氰废水，产生量为 60t/h，混配 60t 新水进入废水处理站处理后达标外排，主要污染物是 COD_{Cr}、挥发酚、氰化物、氨氮等。大气污染物排放量为：SO_2 0.08t/h，烟尘 0.10t/h，NO_2 0.05t/h，氨 0.004t/h，H_2S 0.001 2t/h。

项目所在地气候温和，光照充足，年降水量充沛；冬季干燥，夏季多雨，春秋干旱，全年主导风向为 ENE。项目选址区位于山区丘陵地带的矿区，距市区 45km，区内工业以煤炭、水泥为主，资源丰富。选址区南 0.35km 处有一村庄，东北 8km 处有一镇，西偏北约 16km 处为市级自然风景保护区，南偏西 18km 处为区政府，东南约 2.0km 处有一条河流，主要为农业灌溉。

问题：

1. 该项目污染物总量控制的指标包括哪些？
2. 在进行环境影响评价时要对哪些敏感点的污染情况进行预测？
3. 根据城乡规划，该项目选址地区属于一般工业区和农村地区，废气、废水、噪声排放分别执行什么排放标准？
4. 根据上述题干，该项目有哪些方面符合、哪些方面不符合国家相关产业政策？

押题模拟试卷（七）

☆说明：从一至八题中任选六题作答，每题 20 分，共 120 分

第一题

拟建年产电子元件 144 万件的电子元件厂。该厂年生产 300d，每天工作 1 班，每班 8h。各车间的厂房高 12m，废气处理装置的排气筒均设置在厂房外侧，配套建设车间废水预处理设施和全厂污水处理站。

喷涂和烘干车间的单件产品二甲苯产生量为 5g，产生的含二甲苯废气经吸收过滤后外排，净化效率为 80%，排气量 9 375m^3/h，排气筒高 15m。

各车间生产废水均经预处理后送该厂的污水处理站，污水处理站出水达标后排入厂南 1km 处的一小河。各车间废水预处理设施、污水处理站的出水水质见表 1。

表 1　拟建工程废水处理设施出水水质一览表

项目		废水量 (m^3/h)	COD_{Cr} (mg/L)	磷酸盐 (mg/L)	总镍 (mg/L)	六价铬 (mg/L)	pH
生产车间预处理	阳极氧化废水	70	200	30.0	0.2	0.1	9.0
	化学镀镍废水	6	450	30.0	4.0	0.2	7.0
	涂装废水	1	0	6.0	2.0	20.0	3.0
	电镀废水	3	70	10.0	0.9	2.0	3.0
污水处理站		80	≤60	≤0.5	≤0.5	≤0.1	7.7
《污水综合排放标准》限值		/	100	0.5	1.0	0.5	6～9

注：《大气污染物综合排放标准》（GB 16297—96）规定，二甲苯排气筒高度 15m，最高允许排放速率为 1.0kg/h，最高允许排放浓度为 70mg/m^3。

问题：

1. 该厂二甲苯的排放是否符合《大气污染物综合排放标准》要求？简述理由。
2. 计算污水处理站进水中 COD 浓度及污水处理站 COD 去除率。
3. 指出该厂废水处理方案存在的问题。
4. 进行水环境影响评价时，需要哪几方面的现状资料？

第二题

红星造纸公司拟在位于大洪河流域的A市近郊工业园内新建生产规模为15万t/a的化学制浆工程，在距公司20km、大洪河流域附近建设速生丰产原料林基地。项目组成包括：原料林基地、主体工程（制浆和造纸）、辅助工程（碱回收系统、热电站、化学品制备、空压站、机修、白水回收、堆场及仓库）、公用工程（给水站、污水处理站、配电站、消防站、场内外运输、油库、办公楼及职工生活区）。红星公司年工作时间为340d，三班四运转制，其主要生产工艺流程见图2。

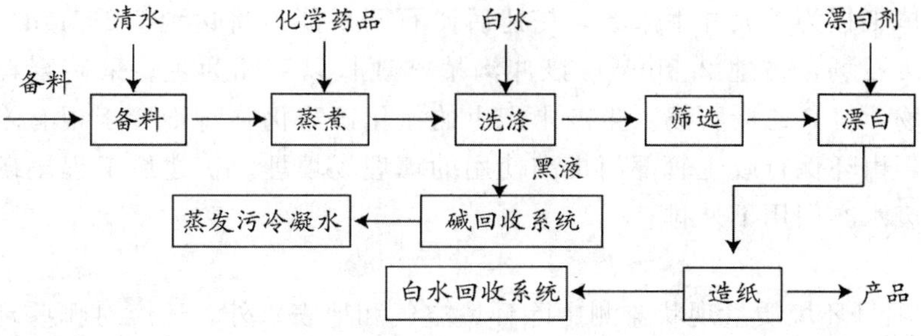

图2　造纸生产工艺流程

厂址东南方向为大洪河，其纳污段水体功能为一般工业用水及一般景观用水。大洪河自东向西流经A市市区。该地区内雨水丰富，多年平均降雨量为1 987.6mm，最大年降雨量为3 125.7mm，大洪河多年平均流量为63m³/s，河宽为30～40m，平均水深为7.3m。大洪河在公司排污口下游3km处有一个饮用水源取水口，下游9km处为国家级森林公园，下游约18km处该水体汇入另一较大河流。初步工程分析表明，该项目废水排放量为2 230m³/d。

问题：

1. 试分析本项目的产业政策符合性。本项目环境影响评价报告书由哪一级环保部门审批？
2. 本项目工程分析的主要内容是什么？
3. 原料林基地建设潜在的主要环境问题是什么？
4. 该15万t/a化学制浆项目运营期主要污染因子有哪些？
5. 请确定地表水环境影响评价等级并说明理由，并制定水环境质量现状调查监测方案。

第三题

某拟扩建金矿采选项目，现有矿石开采规模约 3 600t/d，井下开采、采矿大量抽排矿井涌水，目前没有明显影响该区域内 4 个村庄地下水的取用。评价区域内有地表沉陷发生。采矿中的废石堆置于甲废石场，废石场堆存量已接近设计容积。生产中产生的氰化矿渣，装入草编袋内，先堆置于铺设普通水泥地面的堆棚内，堆棚有渗滤液收集池，然后由有处理资质的公司运走处置。选矿废水回用不外排，尾矿浆含有铅、铜、银、铬等重金属离子，排入尾矿库，尾矿库的上清液回用。

扩建主体工程为扩大井下采场，扩建后矿石开采能力将达到 7 200t/d，在一山谷型冲沟新建乙废石场，占地 2.3hm^2，该冲沟植被现状以草灌为主。采矿废石为Ⅰ类一般工业固体废物，排入乙废石场。生产中产生的氰化矿渣仍临时堆置于现有堆棚，再适时运往某化工厂由环保行政主管部门批准使用的填埋场填埋。扩建后工程尾矿仍排至现尾矿库，生产废水亦回用不外排。

问题：

1. 在本项目环境质量现状监测中除环境空气和地表水外，还应对哪些环境要素进行监测并简述理由。
2. 说明氰化矿渣处理方式是否符合国家现行的危险废物贮存和填埋处置环保要求，并简述理由。
3. 指出扩建工程对评价区域生态环境影响较大的生产活动，并简述理由。
4. 针对甲、乙两个废石场，分别说明环评时需关注的主要环境保护问题。
5. 新建废石场应采取的防止水土流失的措施。

第四题

南方某省为发展经济打通通往邻省的交通通道，拟投资 35 亿元建设跨省高速公路，本项目线路总长 124km，设计行车速度 80km/h，路基宽度 25.5m，全程有互通式立交 7 处，分离式立交 4 处，跨河大桥 2 座，中桥 10 座，小桥 32 座，单洞长隧道 10 道，涵洞 102 道，服务区 4 处，收费站 2 处。该公路征用土地 9.5 万亩，土石方数量 1 250 万 m^3，项目总投资 38 亿元。

已知该公路有一段线路必须经过 A 省级自然保护区，在自然保护区内的里程为 10.2km，其中有 2.5km 的路段所在区域经调整后由核心区划为实验区。公路沿线分布有热带雨林等珍贵植被类型，生长着山白兰等重点保护的野生植物，栖息有亚洲象等重点保护野生动物。该项目穿越居民集中区 B 乡镇，噪声预测表明公路建成后 B 乡镇有 15 处村庄声环境超标。

问题：

1. 本项目施工期的环境影响有哪些？
2. 简述本项目生态环境现状调查的主要内容。
3. 列举本项目生态环境现状调查的主要方法。
4. 简要说明生态环境保护应采取的措施。
5. B 乡镇 15 处村庄公路噪声超标的治理措施一般有哪几种？

第五题

某商贸中心位于市中心繁华地带，周围是以商业、服务业为主体，以文化、教育、卫生和旅游事业为支柱的区域。已建成的一期工程用地面积约 10 万 m^2。工程内容包括饭店、写字楼、公寓、会议厅、商场、行政楼和停车库等，总建筑面积 50 万 m^2。现拟建二期工程，位于已建成的一期工程东侧，建设内容包括 2 座公寓、1 座写字楼、1 座饭店和 1 座商场，地下二三层为大型停车场。二期总占地面积 8 万 m^2，建筑用地面积 66 721m^2，新征用地面积 56 000m^2。二期工程建成后与一期工程相连构成一个集办公、酒店、商业、餐饮、娱乐、服务于一体的多功能建筑群。

商贸中心二期工程选址区东侧为一条交通干道；北侧隔马路是一个小学，小学北侧为一风景名胜古迹，是省级文物保护单位；南侧为一高级写字楼。周围 100m 范围内建筑物最高为 50m。项目周围水电设施齐全，供暖在期工程已建成的锅炉房基础上进行扩建，锅炉为天然气锅炉，现有烟筒高度为 45m，制冷采用中央空调系统。

问题：

1. 预测该项目的环境影响时，应收集哪些资料？
2. 项目工程分析时污染源应包括哪几部分？
3. 该项目烟囱高度是否合理？为什么？高度应为多少？
4. 建设过程中应注意哪些问题？施工期的主要环境影响是什么？
5. 运营期的主要环境影响是什么？
6. 运营期大气环境影响的主要预测指标和内容有哪些？

第六题

根据某地城市总体规划，结合城市已建的排水设施，新建一污水处理厂，处理能力为8万m^3/d，服务面积46.4km^2，污水收集管网41.3km，中途泵站12座。处理污水的来源主要是城市生活污水，采用交替式活性污泥法处理工艺，建有进水泵房、曝气沉沙池、交替式生物池、污泥浓缩池、贮泥池等设施，还有配电间、机修车间、仓库等辅助设施。

污水进入处理厂后，先经粗格栅除去垃圾杂物，再经细格栅进入曝气沉沙池，污水在曝气沉沙池的停留时间为3min，预处理后的污水进入交替式生物处理池，曝气区停留时间为6.33h，沉淀区停留时间为3.75h。污水经处理各项指标达到排放标准后方可排放。表6为污水处理厂进水口与出水口两天测定的结果。

表6　污水处理厂进、出水监测结果

监测项目	污水处理厂进水			污水处理厂出水		
	第1天	第2天	平均值	第1天	第2天	平均值
pH	7.00	7.80	7.40	7.02	7.62	7.32
COD_{Cr}（mg/L）	419	431	425	52	54	53
BOD_5（mg/L）	260	282	271	20	23	21
NH_3-N（mg/L）	26.8	32.2	29.5	20	18	19
水量（万m^3/d）	7.82	7.86	7.84	7.20	7.30	7.35

污水处理厂厂界无组织排放废气执行《恶臭污染物排放标准》新、扩、改建的二级标准。

问题：

1. 根据表6计算各污染物项目的去除率（除pH外），并根据出水量和进、出水水质平均值计算各污染物的排放量，以此计算COD_{Cr}和氨氮排放总量。
2. 对污水处理厂的废气无组织排放监测应安排哪些项目？污水处理厂厂界总体呈东西长、南北宽的矩形，验收监测时风向为东南风，请问参照点应布设在矩形厂界的哪一角？
3. 我国对固体废物管理提出的“三化”原则是什么？
4. 根据素材中提供的数据计算监测期间污水处理厂的生产负荷，并说明此负荷是否符合要求。
5. 对于日处理能力在10万m^3以下的污水处理设施，除采用活性污泥法外，还可以采用什么技术进行二级处理？请列举两种。

第七题

拟建 210km 双向四车道高速，使 A 城与现有高速路相连，沿线有低山丘陵、山岭重丘区、山间盆地、河流。设计车速 100km/h，路基宽 26m，平均高 4.5m；跨越 X、Y、Z 3 河建 3 座大桥；山岭重丘区凿 6 条隧道总长 5km；公路在出 A 城后沿 X 河左岸逆流敷设路段长 20km，X 河为 A 城饮用水源，公路通过水土流失重点监督区、重点治理区和重点预防区分别为 30km、15km、50km。土石方 1 900 万 m^3，设取土场 26 处，弃渣场 36 处。征地 1 540hm^2，其中耕地 724hm^2，林地 690hm^2，其他 126hm^2。评价范围内有二级保护植物，跨越少许的大型桥梁与下游某县城地块 15km。该河流为县城主要水源。评价范围内有村庄、学校 8 处敏感点，其中 1 处中学处于公路东侧。临路两栋平房敏感点距公路中心线约 90m。

问题：

1. 简要说明二级保护植物调查应给出的结果。
2. 简要说明水土流失现状调查应给出的结果。
3. 简要说明线路选线应从哪几方面考虑减轻公路对环境的不利影响。
4. 给出对学校教室声环境现状监测布点方案。
5. 指出公路运营期的水环境风险。

第八题

安庆长江公路大桥及接线工程采用双向四车道高速公路标准，路基与大桥同宽为 26m，设计行车速度为 100km/h，总投资估算为 13.27 亿元。大桥桥位区位于长江下游平原，江北为安庆市，江南为东至县大渡口镇，地势平坦开阔，属北亚热带湿润季风气候区，雨量充沛，梅雨显著，常年主导风向为东北风。

长江安庆段水域是国家一级保护的白鳍豚、中华鲟、白鲟、江豚等野生保护动物的活动通道。安庆水文站位于安庆市上游约 400m 处，建于明历四十七年（1619 年）迎江寺内的振风塔位于桥位上游约 2km 处。安庆港位于桥位上游约 3km、安庆石化港贮公司码头位于桥位下游 3km 处的长江北岸，长江南岸分布有大量农田；桥位上游约 2km 处的长江北岸，是安庆市第二水厂和第三水厂的源水取水口，该处水域为安庆市主要的饮用水源水取水处；桥位上游约 1km 和下游约 0.5km 处的长江北岸，分别是安庆市造纸厂和安庆市化工总厂的工业用水取水口，该处水域为具有工业用水功能；除石化总厂排污口之外，桥位上游还有 7 处排口。大桥在长江北岸一侧的高架式引桥经过城乡接合部的工厂区和居民小区。

本大桥项目与安庆市城市发展总体规划基本协调。

问题：

1. 确定本项目的评价重点。
2. 简述交通噪声对环境的影响。
3. 说明交通噪声的预测方法。
4. 是否需要对桥梁的景观影响进行评价？若需要，应从哪几个方面进行评价？

押题模拟试卷（八）

☆说明：从一至八题中任选六题作答，每题 20 分，共 120 分

第一题

某干线公路建设项目全线推荐采用设计时速为 100km/h。路基宽度按六车道，路基宽 26.0m 采用二级路标准。

工程全长 94km，用地 89 000 亩，拆迁房屋 70 000m^2，路基计划土石方 1 000 万 m^3，特大桥 1 座、大桥 19 座、中桥 27 座、隧道 6 座、涵洞 1 处、服务区 3 处、天桥 12 座。工程总造价 79 亿元。

工程设计包括：标准横断面、路基边坡、边坡防护、路基排水、特殊路基处理等。除收费站采用水泥混凝土路面外，全线采用沥青混凝土路面。

区内气候具有一定的区域性和明显的垂直分异特征，春秋干旱多风，冬季干寒漫长，夏季短促，雨量充沛，昼夜温差悬殊，河谷盆地与山坡上部、阴坡和阳坡之间往往有较大的差异。

问题：

1. 固体废物都有哪些类型？如何影响环境？
2. 简单进行环境风险分析。
3. 施工期声环境保护措施有哪些？
4. 运营期噪声防护有哪些原则？
5. 生态影响的保护措施包括哪些方面？

第二题

拟建某冶金企业年产钢 200 万 t，工作制度为年工作 365d，厂址地处丘陵地带，坡度在 20°～30°，丘陵之间距离紧密。据调查，企业纳污水体全长约为 128km，流域面积为 1 200km^2，年平均流量为 78m^3/s，河宽为 30～50m，水深为 5～7m，枯水期为 12m^3/s，河段比较平直，环境容量很小。项目所在地位于该水体的中下游，纳污段水体功能为农业及一般景观要求水域。拟建排污口下游 15km 处为国家森林公园，约为 26km 处该水体汇入另一条较大河流。该项目用水平衡见图 2。

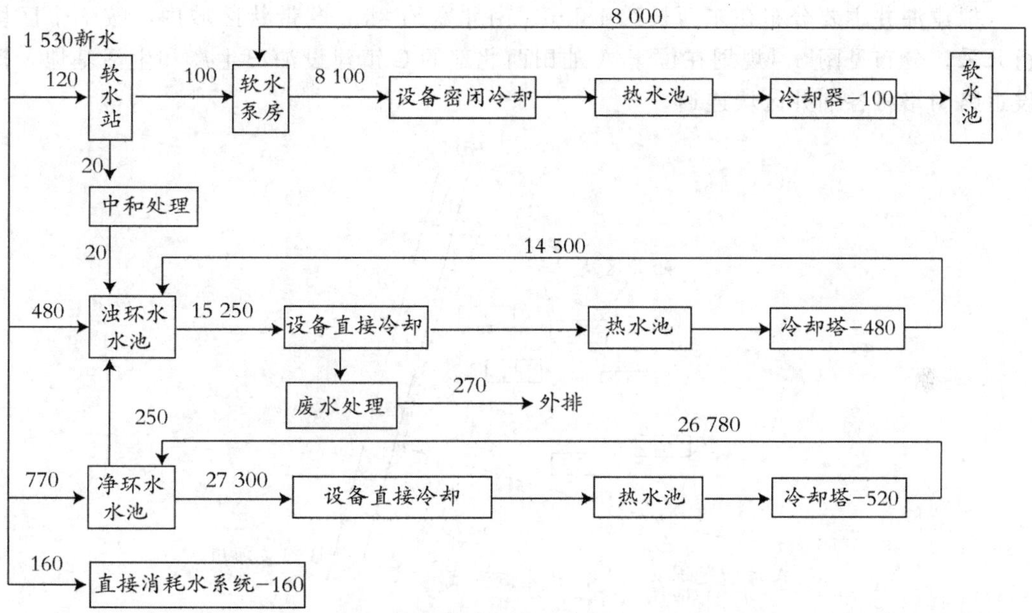

图 2　用水平衡（单位：m^3/h）

工程分析表明，该项目废气污染物排放量为 1 965×$10^4 m^3/d$，其中烟尘 6 100kg/d，SO_2 12 000kg/d；排放废水中污染物浓度为：COD_{Cr} 135mg/L，SS 50mg/L，NH_3-N 5mg/L 且排放量为 28kg/d，石油类 20mg/L 且排放量为 114kg/d，锌离子为 0.2mg/L。

问题：

1. 计算全厂串级用水量（循环系统水使用后复用于其他水系统的水量）、水循环率、生产水重复用率、吨钢新水消耗、吨钢外排废水量、吨钢烟粉尘和 SO_2 排放量、吨钢 COD_{Cr} 和石油排放量。
2. 确定水环境影响评价等级、水环境评价因子。
3. 请制订一套合理的水环境质量现状调查监测方案。
4. 简要说明选用的水环境影响预测模式。

第三题

北方某地拟开发一新油田。物探初步确定油田面积约 1 200km²，钻井探明的石油储区面积约 150km²并作为一期开发工程（称为 A 开发工程油田）。

A 油田区地势平坦，中西部为农业区，有一条中型河流 B 自北向南流过 A 油田东边界，滨河地带为宽阔的河滩，属“洪泛区”，每年夏秋两季洪水暴涨时，有 35km²以上的区域成为水面。“洪泛区”区内水生植物茂盛，呈条带状或岛状分布，有多种候鸟分布其间，其中有国家和省级保护鸟类 12 种。

拟建油井主要分布在东西长约 18km、南北宽约 8km 的带状区域内，按 7 个区块进行开采，分布见图 3。规划在位于 A 油田西北部的 C 镇建设油田生产和生活基地，拟建设道路网络将各油井区块连通。

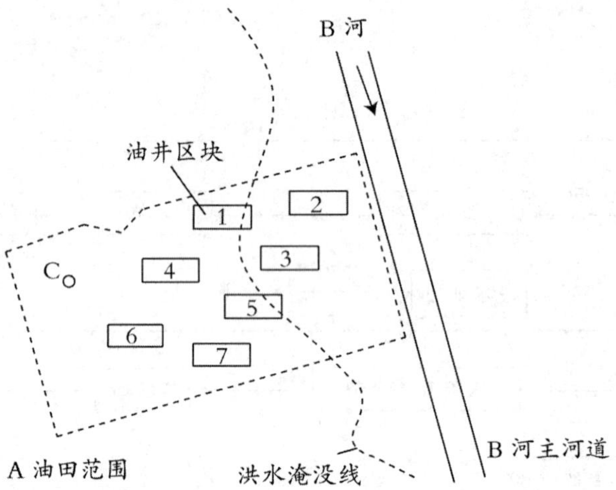

图 3　油井区块分布示意图

问题：

1. 按照自然生态系统类型划分的常用方法，说明 A 油田开发涉及哪几种生态系统类型。
2. 该油田建设项目环境影响评价应分几个时期？
3. 按自然生态系统类型划分，项目环境现状调查与评价的重点因子和要点是什么？
4. 说明 A 油田道路修建的主要生态环境影响和应采取的环保措施。
5. A 油田项目的最大生态环境影响是什么？应采取什么有效措施减轻这种影响？

第四题

某段高速公路2010年建成通车，建设单位申请竣工环境保护验收。该项目在可行性研究阶段完成环境影响评价的报批手续。在初步设计和实际建设中对线路走向和具体的建设工程内容有少量调整。

该段高速公路全长50km，设计时速80km/h，设1 104m特大桥一座，中小桥若干座，特大桥桥面设排水孔；双洞单向隧道2座，单洞长3 200m，互通立交1处，分离式立交1处，服务区1处，取土场8处，弃渣场20处，共征用土地206km^2，公路所经地区为山岭重丘区，其中通过水土流失重点监督取得线路长度6km，通过重点治理区的线路长度5km，特大桥从A城市的集中式饮用水源二级保护区边界跨越。由于线路偏移，声环境敏感点由原来的12处变为6处，其中4处与环评审批时的情况一致，8个取土场有2个分布在水土流失重点监督区，有1个在重点治理区，弃渣场均分布在沿线的沟壑，服务区靠近一人口约2 000人的村庄，设有1.5t/h燃煤热水锅炉一座，烟囱高度20m，服务区废水经化粪池处理后排放到服务区外冲沟，经过100m汇入流经该村庄的小河上游，公路沿线部分主要环境敏感点情况见表4。

表4　公路沿线部分主要环境敏感点情况

名称	与路肩距离（m）	与路肩高差（m）	临路户数	临路情况
上湾村	168	8	10	侧向公路平房，有围墙
青龙坪村	68	3	6	面向公路，主要为2层小楼，位于隧道出口处
英雄中学	90	2	/	面向公路，2层楼房
马兰村	180	-6	1	村庄大，周围绿化好，树木高大，枝叶茂密
牟家村	102	0	3	面向公路
楼前村	68	4	5	平房，面向公路

问题：

1. 简要给出本项目生态环境影响调查的重点内容。
2. 指出本项目水环境影响调查需要关注的问题？
3. 根据表4中信息，指出不需要采取隔声措施的敏感点。
4. 指出英雄中学噪声监测点布设应注意的问题。
5. 说明本项目运营期存在的环境风险隐患。
6. 从环保角度考虑，对服务区设施提出改进建议。

第五题

为发展经济，A 市拟结合当地经济发展特点大力发展畜禽养殖业，拟投资 500 万元在 A 市西北方向的城郊建设一个养牛场，规划用地 50 亩，养殖规模为存栏 2 000 头。养牛场采取半封闭式养殖，设置集中污水处理站将冲洗牛舍的废水就地处理后排入 B 河（该河流无饮用功能），牛粪由附近农民拉走肥田。

已知该养牛场东南距城市中心区 C 镇居民集聚点约 1.5km。选址区主要为农用地，非基本农田保护区，主要植被为柳树、杨树及灌草丛，该地区常年主导风向为西北风，降雨量充沛。

问题：

1. 根据项目选址区附近的环境特征和项目特点，判断本项目选址是否合理？说明理由。
2. 列举本项目对环境空气影响的主要污染因子。
3. 该项目运营期的环境保护措施应包括哪些？
4. 根据已知条件，按相关标准的规定，对该养牛场选址有制约作用的因素有哪几个？
5. 简述该项目牛舍粪便处理可行性论证的主要内容。

第六题

某市拟建 2×300MW 循环流化床锅炉燃煤坑口电厂。电厂年耗煤量 270×10^4t。煤质灰份额 50.5%，飞灰份额 60%，烟气量 670Nm^3/s，掺烧石灰石有 25%进入飞灰，电厂年运行小时数为 5 500h。

项目位于农村、浅丘地区，地势较为平坦，区域浅层地下水埋藏深度 3～5m，表层土壤以粉砂、粉质黏土为主。厂址东面 10km 为县城，南面 0.2km 有 A 村。灰场位于厂址西南 3.5km 的山谷中，工程地质条件符合要求，拟选灰场 1.0km 范围内有村庄 B。项目所在地属温带大陆性季风气候，平均风速为 2.0m/s，主导风向为东南风，全年静风频率为 20%，贴地逆温出现的频率较高。

项目拟采取炉内加石灰石脱硫，石灰石耗量 14×10^4t/a，SO_2 排放满足有关环保要求；采用四电场静电除尘，除尘效率为 99.6%，烟尘粒度小于 15μm；废水经处理后大部分回用，剩余部分排入电厂南面 1.0km 处的 C 河流（河流为Ⅲ类水体）；灰场采用灰渣碾压防渗；根据经验判断，采用隔声等措施，厂界噪声和环境噪声可以达标。

问题：

1. 确定应执行的废水排放标准与级别。
2. 分析本工程烟尘排放状况，提出评价意见和建议（排放浓度标准 200mg/m^3）。
3. 按照已知条件，采用点源有风、倾斜烟羽、熏烟扩散模式进行大气环境影响预测计算是否可行？选取扩散参数时如何进行提级？
4. 至少还需要调查哪些基础信息才能确认灰场的环境可行性？

第七题

某山脉一河流流域总面积 25 900km^2，干流长度 383km，天然落差 2 493m，水量丰沛，干流河床比降大，年平均径流量 158m^3/s，水能资源丰富，在该河流上游距离河口 146km 处已经有一蓄水 5.4 亿 m^3 的水库。河段所在地区经济不发达，流域总人口 5.1 万人，涉及两个县的 14 个乡，国内总产值 1.7 亿元。为发展地方经济，开发水电资源成为该流域的一个必然的选择。根据该河流的形态、资源分布特点和龙头水库的蓄水位变化情况，水电部门做出了该流域梯级水电开发规划，该规划提出 5 个拟议方案，分别在河流的不同段开发 4 组可能的梯级开发方案，其中一个作为规划的推荐方案，规划中主要对不同梯级组的地质条件、水文泥沙情况、交通条件、动能经济指标、水库淹没、工程枢纽布置、工程量以及环境影响等方面进行技术经济比较和论证，最后推荐的开发方案是“一库五级”方案。

问题：

1. 该规划的环境影响评价重点是什么？
2. 生态影响预测与评价的主要内容。
3. 规划分析的主要内容有哪些？
4. 该规划环评的评价指标体系。
5. 开展该规划环境影响评价需要涉及哪些机构或者部门？其作用是什么？

第八题

某化学原料药项目选址在某市化工工业区建设，该化工区地处平原地区，主要规划为化工和医药工业区，属于环境功能二类区。区内污水进入一城镇集中二级污水处理厂，处理达标后出水排往 R 河道，该河道执行地表水Ⅵ类水体功能，属于淮河流域。

项目符合国家产业政策，以环己酮、草酸二乙酯为原料，经过酯化、溴化、还原、缩合、精制等工序合成生产降血糖和防治心血管并发症的药物 44t/a，年工作 300d，7 200h。项目主要建设内容有：生产车间一座，占地 900m^2，冷冻站、循环水站、处理能力 100m^3/d 污水处理站以及废水污染物治理设施等。项目供热由工业区集中供应。项目使用的主要原料有环己酮、草酸二乙酯、甲苯、氯仿、盐酸、液氨、冰醋酸、锌粉等。项目排放的主要废气污染物有：氨、甲苯以及 HCl 等，其等标排放量见表 8。废水排放量 90t/d，主要污染物为 COD 和氨氮、甲苯等。项目排放的固体废物主要是工艺中的釜残和废中间产物等。

工业区内进行污染物排放总量控制，工业区内分配给该项目的 COD 和氨氮排放总量分别为 20t/a 和 1.6t/a。

表 8　工业废气因子等标排放量计算结果

序号	名称	排放速率 (kg/h)	标准 (mg/m^3)	等标排放量 (m^3/h)	排序
1	甲苯	18.79	0.60	3.1×10^7	2
2	氯化氢	0.99	0.05	2.0×10^7	3
3	NH_3	6.91	0.20	3.5×10^7	1
4	四氢呋喃	0.52	0.20	2.6×10^7	5
5	NO_x	1.66	0.24	6.9×10^7	4

问题：

1. 项目可能产生的主要环境影响因素和可能导致的环境问题有哪些？
2. 确定该项目大气环境评价工作等级和评价范围，项目环境空气质量现状调查应包括哪些因子？调查的方法如何？按《环境影响评价技术导则　大气环境》要求，给出监测方案的布点原则、监测期和监测频率。
3. 如按《污水综合排放标准》(GB 8978—1996) 中的规定，项目污水第二类污染物排放应执行什么标准？其中 COD 标准值为多少（假设不考虑集中污水处理的收水标准）？项目废水所排往的城镇集中污水处理厂应执行什么标准？
4. 项目污水处理站对项目污水处理后 COD 和氨氮分别应达到多少浓度才能满足工业区对其的总量控制指标？
5. 降低项目有机废气排放的途径有哪些？简述有机废气的主要治理措施。

全国环境影响评价工程师
职业资格考试

环境影响评价案例分析

参考答案

押题模拟答案分册

押题模拟试卷（一）~（八）

押题模拟试卷（一）

第一题

1.（1）自然环境现状调查，包括地形地貌、水系及拟开发河流水文特征调查。

（2）陆生生物多样性调查，包括物种特别是珍稀濒危野生动植物种、群落及生态系统类型、结构、功能、现状问题及原因演替趋势调查分析。

（3）水生生物多样性调查，包括重要经济鱼类的“三场”（产卵场、越冬场、索饵场）调查，重要饵料生物的调查，洄游性鱼类特性调查。

（4）自然保护区与风景名胜区的等级、功能区划、保护对象及其价值、存在的问题及原因分析等的生态现状调查。

2.（1）流域整体规划的不确定性。规划环评是早期介入，流域的整体规划除开发建设梯级电站外，还有其他相关规划，各规划实施均存在不确定性，相互之间的协调性也存在不确定问题。

（2）工程建设内容的不确定性。由于该水电开发规划规模庞大，涉及的建设地点和工期较长，受种种因素的制约与影响，所以规划工程建设的内容还存在一定的变数。

（3）减水河段与下泄流量问题。减水河段的生态需水量具有不确定性，下泄生态流量的联合调度可能存在分歧。

（4）环评的时效性和技术问题。如环评批复后 5 年未实施，则需要重新报批环评报告。

3.（1）陆生生态。主要从 A 河流域的生态完整性，流域生物多样性，对自然保护区、风景名胜区等重要环境敏感对象和局地气候的影响方式、程度与范围等方面进行分析、评价，对规划方案可能影响的珍稀、保护陆生动植物进行评价。

（2）水生生态。分析评价区域内水域生态条件、水生生物组成特点、种群数量，以及下游河段中水生生物及鱼类的影响，重点是对重要经济鱼类“三场”及珍稀、洄游性鱼类的调查及影响评价。

（3）水土流失与地质灾害。分析评价区水土流失现状、成因及危害，预测分析规划实施各建设项目对水土流失的影响，评价水库建成导致大规模地质灾害的可能性，以及施工区特别是渣场布置的环境可行性。

4.（1）与 A 河流域水利资源综合利用规划，鱼类资源、旅游资源、野生动植物资源等的保护规划的协调性。

（2）与当地省、市及该水电开发规划涉及的地区政府能源发展规划和水电开发规划的协调性。

（3）与国家水电及能源开发规划的协调性。

（4）与该省、市等地方土地利用规划、环境保护规划、水土保持、生态保护等规划的协调性。

（5）与流域内存在的国家级野生动物自然保护区和省级风景名胜区发展和保护规划的

协调性。

第二题

1. (1) 填埋场垃圾渗滤液是垃圾发酵分解后产生的液体和大气降水、地表径流水和地下水浸出混合而成的，含有高浓度悬浮物和高浓度有机和无机成分。垃圾渗滤液是城市垃圾填埋场最主要的污染源。

(2) 垃圾渗滤液主要有两个来源：①周边降水的渗入；②垃圾中含有的水分。填埋场渗滤液产生量受垃圾本身含水量、场地水文地质条件、气候条件、填埋方式等诸多因素影响，降雨是影响渗滤液产生量的直接因素，因此渗滤液产生量随季节变化幅度很大。

(3) 垃圾渗滤液成分十分复杂，通常包含高浓度的可溶有机物及无机离子，包括大量的氨氮和各种溶解态的阳离子，还有一些重金属、酚类、单宁、可溶性脂肪酸及其他的有机污染物，尤以有机物和NH_3-N浓度较高。其各种成分变化很大，主要取决于填埋场的年龄、深度、微生物环境以及所填埋的垃圾的组成等，其中填埋场的场龄是影响垃圾渗滤液水质的最重要因素。

2. 生活垃圾在填埋处理过程中其有机废物经厌氧降解产生填埋气体。填埋气体的主要成分包括 CH_4、CO、H_2、N_2和 O_2，还有一些微量气体，如 H_2S、NH_3、非甲烷总烃、丙酮、苯、乙基硫醇、氯苯、氯乙烯等。

3. (1) 施工期生态影响因素：垃圾填埋场的施工过程破坏原有生态系统，改变泄洪途径，减少区域绿地面积，减弱生态功能，同时施工产生的飘尘、噪声等将对区域内的动物、植物产生不良的影响。此外，工程筑坝所需石块和填埋覆盖所需的土料，除部分来自其他工程废料和专门的建筑产品外，大部分由附近土源区采集运到工地，引起采石区或采土区原来生态系统的破坏。

(2) 填埋作业期生态影响因素：填埋场的作业运行是步进式的，随着垃圾的填入，场区的生态环境条件发生改变，一方面原有土壤和植被逐渐被垃圾掩埋，而由垃圾堆体覆盖后的客土代替，生态条件发生了完全改变。另一方面，绿地面积逐渐减少，区域生态调节功能逐渐减弱，直到覆土后进行生态恢复。由于该场处于多条断裂带，垃圾渗滤液对地下水存在潜在的污染威胁。垃圾填埋覆土所需的土源区采土，会使土源区原有生态遭到破坏；填埋作业中产生的各种恶臭和污染气体以及作业噪声都会给区域生态环境带来一定的影响。此外，填埋场大量苍蝇、蛆及鼠等害虫的活动，潜伏疾病传播的危险，影响附近人群及动物的健康。

(3) 填埋终场后生态影响因素：当垃圾填埋结束后，由于垃圾的腐解过程需要时间，其产生的垃圾渗滤液和恶臭气体等还会继续影响区域的生态环境质量。此外，终场后的全面绿化将使区域生态环境逐渐得到改善。

4. (1) 清污分流。截洪沟的设置是关键，应保证清污的分流，避免截洪沟内雨水受垃圾或渗滤液的污染影响。

(2) 加强垃圾收集管理。垃圾中纸、布、塑料、金属、玻璃、竹木等可回收废品成分较多，加强垃圾收集过程管理，实施垃圾袋装化，积极推行垃圾分类收集，可大大减少垃圾中可回收废品量，同时减少垃圾渗滤液中重金属等有毒有害物质浓度。

(3) 加强作业管理。覆土在垃圾填埋作业中具有重要作用，不仅可减少臭气散发、防止苍蝇繁殖，同时有利于排泄堆体表面雨水，减少垃圾渗滤液产生量，降低污染负荷，因此应加强监督管理，及时覆土，同时应尽早规划覆土来源，保证覆土量。

（4）加强填埋场封场管理。垃圾填埋场在封场后，一般要 30～50 年才能完全稳定，达到无害化。在此过程中，将继续产生大量垃圾渗滤液及填埋气体。因此，在填埋场终场后都要及时在堆体表面覆盖防渗膜，并进行生态重建，这将大幅削减垃圾渗滤液产生量。

5.（1）加强废气收集系统管理。保证垃圾表层覆土密封性，隔绝空气，避免形成好氧环境，减少废气的无组织排放量。

（2）加强填埋场爆炸气体的安全管理。垃圾填埋场填埋气体产生量很大，其主要成分为 CH_4 和 CO，其中 CH_4 是易燃、易爆气体，因此，应加强安全管理，如安装 24h 甲烷气体自动监测报警仪等。

（3）加强监测管理。环境监测站应对场区大气恶臭污染物及 TSP 进行日常监测，若有异常，信息及时反馈，并对废气收集系统运行情况进行检查，确保恶臭污染物排放符合规定要求。

（4）加强日常管理。严格执行作业单元逐日覆土填埋要求，采用随填随压、覆土等措施，作业面、道路及取土场经常进行洒水防尘等。建一定宽度的绿化带，以降低臭气对周围环境的影响。

第三题

1. 活性炭吸附、水膜喷淋吸收、静电净化。

2.（1）甲苯排放速率＝$86\times2.1\times10^4\times(1-96.5\%)\div10^6=0.063$（kg/h）。

（2）$H=\sqrt{\dfrac{30^2+30^2}{2}}=30$（m）。

3.（1）主要污染因子：pH、COD、BOD_5、SS、磷酸盐、总镍、总锌。

（2）该工程污水处理方案不可行。理由：涂装废水中含有锌、镍等第一类污染物，必须在车间排放口处理达标后外排。

4. 漆渣、涂装喷漆车间污水处理站产生的污泥（含有重金属镍）、磷化滤渣。

5.（1）各危险废物产生点装桶或装袋送集中贮存设施分类贮存。

（2）危险废物堆放处要防风、防雨、防晒。

（3）夯实临时堆存场地面，做防渗处置。

（4）危险废物堆放处应选在地质结构稳定的区域，避免建在易遭受自然灾害的地区。

6.（1）选址是否可行。

（2）否符合工业区总体规划。

（3）废气排放对周围环境的影响情况。

第四题

1.（1）全厂 SO_2 排放量＝$200\times424.6\times5\,500\times3\,600\times10^{-9}\approx1\,681.4$（t/a）。

（2）区域 SO_2 排放增减量＝$1\,681.4-1\,093.6-362.6=225.2$（t/a）。

2.（1）不考虑运动过程的衰减，则：NO_2 最大地面浓度＝$400\times0.105\,7\div200=0.211\,4$（$mg/Nm^3$）。

①$P_{SO_2}=0.105\,7\div0.5=0.211\,4\approx21.1\%$；

②P_{NO_2} =0.211 4÷0.24≈0.881=88.1%。

Pmax（SO_2，NO_2）=88.1%，则 $D_{10\%}$=37 000m。

3.（1）本项目大气评价为一级。理由：NO_2的 Pmax 大于 80%，且 $D_{10\%}$ 大于 5km。

（2）评价范围是以烟囱为中心，半径 25km 的圆形区域或边长 50km 的矩形区域。

4. 对环境空气敏感区的影响分析，应考虑预测值和同点位的现状背景值的最大值的叠加影响；对最大地面浓度，计算最终影响时则用背景值的平均值进行叠加：0.031+0.065=0.096（mg/Nm^3）。

5. 由于该项目地处西部缺水少雨地区，该项目供水水源优先考虑选用污水厂的中水，将水库的水（西北部 15km 的中型水库）作为备用水源，禁止开采地下水。

第五题

1. A 空地新建的危险废物中转站布局不合理，与厂界西面的村庄间隔不到 800m。按照《危险废物贮存污染控制标准》选址要求，场界应位于居民区 800m 以外。

2.（1）大气特征污染因子：苯、苯乙烯、氨气、硫化氢、恶臭。

（2）水环境特征污染因子：苯系物、硫化物、氰化物、挥发酚等。

3.（1）重大危险源：1 000m^3 苯罐、500m^3 苯乙烯罐、300m^3 液氨罐。

（2）环境风险评价重点保护目标：700m 处村庄，其他方位村庄，集中式供水饮用水源。

4. 排水口上游河段水质现状监测断面应布设 5 个，具体位置：①集中式供水饮用水源 D 取水口（排污口上游 10km）；②一级保护区下游边界；③大潮潮流最大回荡距离处（排污口上游 6km）；④二级保护区下游边界处（排污口上游 4km）；⑤排污口上游 500m。

5.（1）本项目可做到“增产减污”，在环境上是可行的。

（2）理由：尽管新增供水能力 500m^3/h，由于新建 650m^3/h 污水回用装置一套，从而污水处理厂改造后的污水排放量将减少 150m^3/h，COD 排放浓度不变，因此 COD 的排放总量将减少：$60\times150\times10^{-3}\times24=216$（kg/d）。

注：《污水综合排放标准》规定 COD 一级排放标准为 60mg/L。

第六题

1. 该项目竣工验收执行标准包括污染物排放标准、清洁生产标准、环保竣工验收标准和当地环保主管部门下达的总量控制指标。

（1）废气、废水排放执行《铝工业污染物排放标准》（GB 25465—2010）新建企业标准；建成后厂界噪声执行《工业企业厂界环境噪声排放标准》（GB 12348—2008）中的 2 类标准。

（2）清洁生产标准执行《清洁生产标准　电解铝业》（HJ/T 187—2006）。

（3）环保验收标准执行《建设项目竣工环境保护验收技术规范　电解铝》（HJ/T 254—2006）。

（4）总量控制指标执行地方环保局分配的 SO_2，排放量 450t 指标。

（5）一般固体废物执行《一般工业固体废物贮存、处置场污染控制标准》（GB 18599—2001），含高浓度氟化物的电解槽大修废渣执行《危险废物贮存污染控制标准》（GB 18597—2001）。

2.（1）大气污染源及环保设施。对电解、原料车间、阳极焙烧、阳极生成及组装、炉修等有组织源中的废气排放量和排放污染物浓度进行监测，分析外排废气是否达到标准要求，废气处理设施处理效率是否满足要求。对电解车间天窗、底部侧窗无组织排放粉尘和氟化物进行监测。根据全年工作时日计算判断 SO_2 是否满足总量要求。

（2）废水污染源及环保设施。对厂区排放口、废水处理站进出口水质和水量进行监测，分析废水是否达到排放标准要求，废水处理设施处理效率是否满足要求。

（3）厂界噪声监测，分析厂界噪声是否达标；周边敏感点噪声监测。

（4）对渣场土壤、植被、地下水氟化物进行监测。具体监测因子和点位的布置应依据《建设项目竣工环境保护验收技术规范　电解铝》。

3.（1）初步调查特征污染物氟对土壤、地下水、农作物及牲畜保护敏感点目标的影响情况。

（2）各原料库、配料仓等储运污染防护措施。

（3）阳极生产系统多烟囱相对距离的测量及等效单元的合并。

（4）阳极系统工业炉窑无组织排放监测所需常年气象资料的收集。

（5）电解槽大修废料种类、数量、处置方式。建有危险废物贮存、填埋场的按 GB 18598、GB 18596 检查。

（6）危险废物交由有相应资质的机构处理，核查该机构的相应资质及双方签订的处置协议。

（7）各类污染物排放污染控制标准、吨铝排氟指标、总量控制指标及处理设施设计指标。

（8）环境管理机构、监测机构人员、设备水平。

（9）绿化面积、绿化系数。

（10）污染扰民或纠纷情况初步调查。

4．该项目不能通过验收，存在问题如下：

（1）按照《关于进一步加强电解铝行业环境管理的通知》（环发〔2004〕94 号），现有小型自焙槽应当予以淘汰，该项目扩建后仍然保留 60kA 自焙阳极电解槽 80 台（尽管已停产），并未执行国家产业政策。

（2）按照《清洁生产标准　电解铝业》中清洁生产污染物产生指标，其中全氟产生量一、二、三级分别要求不大于 16kg/t、18kg/t、20kg/t，本项目建成后产生氟化物（以 F 计）108t，按照污染设施去除率 95%计算，其吨产品产生全氟为（108×1 000÷0.05）÷100 000＝21.6（kg/t），尚不满足清洁生产三级标准。按照《清洁生产标准　电解铝业》中废物回收利用指标，废气净化效率一、二、三级分别要求大于 99%、98%、97%，该项目为 95%，也不满足三级标准。而且标准中要求冷却水全部循环利用，该项目存在外排。

（3）根据环境影响报告书，其南面 500m 处敏感点 A 村庄氟化物 60%相对空气环境质量超标，可见企业生产对周围环境造成了一定污染影响，本次扩建尽管对污染重的老旧设备进行了淘汰和停产，但并未全部淘汰拆除，其并未采取有效措施减少污染排放，对环境敏感点的污染影响仍有可能存在。

（4）SO_2 排放量减少到 450t/a，满足地方环保局原分配的 450t 总量指标，可见原项目是不满足地方总量指标的，部分焙阳极电解槽停产但未淘汰，如果开工排放 SO_2 仍会超过地方分配总量指标。

(5) 有 12%的公众持反对意见，而且全部集中在 A 村庄，是与其环境空气 F 超标有直接联系，但企业并未对公众反映如此强烈的环境问题采取明确措施来解决。

第七题

1. (1) 尽量选用低噪声机械设备或带隔声、消声的设备。

(2) 合理安排施工时间。

(3) 施工运输车辆进出应合理安排，禁止鸣笛，尽量减少交通堵塞。

(4) 设备清理产生的化学残余物属危险废物，按照《危险废物贮存污染控制标准》的相关要求进行合理贮存和严格管理，委托有资质的专业危险废物处理公司收集处理。

2. (1) 企业各废气产生装置均配有冷凝器，可冷凝回收废气中大部分的有机物质。冷凝处理后的酸性和碱性尾气再分别经碱液吸收塔和水吸收塔处理后，由风机统一引入新菊酯车间的排气管集中排放。

(2) 为了减少生产过程中有机气体的无组织排放量，企业选用密闭性良好的物料输送泵和生产设备，并确保管道连接良好，减少生产过程的跑、冒、滴、漏。此外，为分离和分装生产设备设置活动型锥形吸气罩，减少在分离和分装过程中的无组织排放，吸收的气体进碱液吸收塔或水吸收塔处理后，再统一由总排气管排放。

(3) 为了防止本项目无组织排放的恶臭气体对周围敏感点造成影响，企业拟尽量减少化工原料在车间的存放量。大部分生产原料（尤其是三乙胺、吡啶等恶臭型化工原料）和产品，均采用密闭性较好的包装桶包装，存储在乳剂车间专门的化工仓和原料仓内。

(4) 对企业现有菊酯车间的排气方式进行整改。对现有菊酯车间各类工艺废气进行收集，采取碱液吸收塔或水洗塔集中处理后，再由排气筒统一排放。

(5) 制定相应的各种规章制度，认真对操作系统及安全设施等定期进行全面保养、检查和维修，确保安全生产。

(6) 为了便于对尾气的监测，所有排放废气的排气筒或烟囱应设置废气监测采样孔。并对各排放口做规范化管理。

3. (1) 严格落实化学危险品储存、使用和运输要求，合理储存、使用和运输化工原料，加强环境安全管理，将发生化学品泄漏、火灾、爆炸等环境事故的风险降到最低。

(2) 废水处理站存在事故性排放风险。

(3) 制订环境风险应急救援预案，力求在风险事故发生时，将事故危害降到最小。

4. (1) 项目在生产过程中必须加强管理，保证废气处理设备正常运行，避免非正常排放情况发生。当废气处理设备出现故障不能正常运行时，应尽快停产进行维修，避免对周围环境造成污染影响。

(2) 为了降低原有项目和本项目无组织气体对敏感点造成的影响，企业必须从控制无组织排放源强和采取恶臭防治措施两方面入手，确保厂界恶臭污染物浓度达到《恶臭污染物排放标准》的要求。

5. 由于本项目环境风险主要是人为事件，可以通过制定严格的管理规定和岗位责任制，加强职工安全生产教育，增强风险意识，能够最大限度地减少可能发生的环境风险。

为了进一步降低本项目在生产过程中可能造成的环境风险，给出如下建议：①建议企业在实际生产时，合理控制各类化工原料、中间体和产品的储存量；②建议企业进行安全评价，明确本项目的安全防护距离。

第八题

1. 需了解建设期和运营期污染源分析。

(1) 建设期的污染源分析包括：施工人员的生活污水、施工扬尘、施工机械噪声、建筑垃圾及施工人员的生活垃圾。

(2) 运营期的污染源分析包括：锅炉废气、生活污水、地下车库汽车尾气、交通噪声、生活垃圾等。

2. (1) 应增加土壤和地下水的监测内容。

(2) 理由：由于本项目用地是化工厂搬迁后腾出的空地，原厂区的地面建筑物及取水井尚未拆除，存在原生污染问题，其环境现状必须查清。

3. (1) 施工期的影响：施工扬尘、施工噪声以及施工人员的生活垃圾和建筑垃圾等。

(2) 运行期的影响：锅炉废气、生活污水、地下车库汽车尾气、交通噪声、生活垃圾等。

(3) 高大建筑群环境影响：局地风场（高楼风）和污染物扩散条件影响，大型玻璃幕墙可能带来的光污染、日照遮挡影响。

(4) 社会环境影响：交通影响、城市景观影响。

4. (1) 不一定合理。

(2) 理由：锅炉烟囱高度应根据环境影响报告书要求确定，按照锅炉废气排放标准要求烟囱高度应高出周围 200m 范围建筑物 3m，不能达到该要求的按其高度对应的表列排放浓度标准值严格 50%执行。因此，应根据项目周围的环境空气功能要求和本城市的总量控制要求，利用模型计算锅炉烟囱排放污染物对本地区环境空气的贡献和影响，并提出其合理的排放高度要求。

5. (1) 应充分考虑施工期对古寺庙建筑群的污染影响与保护，在施工过程中尽量避免施工机械靠近其运行，施工运输车辆也应尽量避免经过古寺庙建筑群。

(2) 还应进行景观影响评价，本项目的建筑风格应与古寺庙建筑群景观相协调一致。

押题模拟试卷（二）

第一题

1. (1) 工程运营期库区由原来的河流生态系统变为水库生态系统，由于库区水体流速变缓，急流性鱼类将不适宜在库区生活，被迫向库尾上游移动，而喜欢在缓流或静水中生活的鱼类将增加，鱼类种群结构发生改变。

(2) 水位抬高，淹没大量农田和植被，特别是淹没较多的基本农田和国家二级保护植物，造成农田生态及粮食生产的损失，造成国家保护植物生态环境的损失。

(3) 如果库区清理较差，容易造成库区水质下降，甚至恶化，进而影响库区水域生态环境，影响鱼类及饵料生物的生活。

(4) 库区水体温度也将发生一定的变化，甚至水温出现分层现象，改变了原河流水体中浮游植物、浮游动物、底栖生物的生活环境。

(5) 上游裹携着泥沙的水流不断入库，在造成库区泥沙不断淤积的同时，水体中泥沙含量也将发生变化，进而改变了原水生生物的环境。

(6) 改变了库区本地特有洄游性鱼类的集中产卵场，甚至造成产卵场的破坏。

(7) 与原河道相比，库区水量增多、水体面积扩大，库岸受到长期浸泡，容易引发塌方、滑坡地质灾害，进而影响库区生态环境。

2. (1) 施工期对鱼类生态环境的影响，主要是施工作业造成局部河段水文情势改变，如库区清理、施工作业造成的水土流失及施工废水、生活污水的排放进入河道等。

(2) 运营期对鱼类的影响主要表现在：①若工程未能设置合理的过鱼设施，则大坝建设将阻断本地特有洄游性鱼类的通道；②由于水流变缓，使原来适应流水生境的鱼类不能生活，被迫向库尾上游流水生境迁移，而喜欢静水环境的鱼类则可在库区繁育、生活，造成库区鱼类种群组成与结构的改变；③由于大坝的阻隔影响，库区水流变缓，不能使卵苗进行长距离顺水漂流，影响卵苗孵化；④由于库区淹没及其水文情势的改变，影响了本地特有洄游性鱼类的产卵场环境。

3. (1) 该工程临时占地的生态恢复应注意的问题有：①临时占地在使用前应先剥离上层土壤层，堆放保存好，采取苫盖或截水、排水等必要的临时水土保持措施，用于农田或植被恢复；②由于本工程淹没及永久占地征用了较多的农田，特别是基本农田，因此临时占地的生态恢复应结合基本农田补偿进行，即临时用地适宜恢复为农田的尽可能恢复为农田或基本农田；③处于坡度较大区域的临时占地，为防止农田水土流失，不宜恢复为农田，应以恢复林、灌草地为宜，选用当地物种；④由于本工程影响区生态脆弱，且易发生地质灾害，生态恢复需采取水土保持工程措施与生物措施相结合的方式，特别是对易发生地质灾害的区域，必须采取工程防护措施后再进行地表生态恢复。

(2) 对于 36 株国家二级保护野生植物，由于处于水库淹没线以下，应在库区清理前及时采取移植保护的措施。优先在库区外围选择适宜的生境进行移植，移植后可挂牌保护或划定保护区。

4. (1) 在适宜区域开垦新的耕地。

(2) 异地划补。

(3) 劣质地改良。

(4) 临时占用的 $50hm^2$ 基本农田，在施工结束后及时恢复为基本农田。

(5) 根据实际情况，也可将部分临时占用的非农田或基本农田，恢复为农田或基本农田。

第二题

1. 垃圾焚烧炉烟气排放标准执行《生活垃圾焚烧污染控制标准》(GB 18485—2001)。二噁英充分分解的条件是烟气在炉膛内滞留时间达 2s 以上及保证炉内烟气温度达 850℃以上。

2. 大气环境质量现状监测项目应包括 TSP、PM_{10}、SO_2、NO_2、CO 等常规污染物和二噁英、氨、硫化氢、臭气浓度等特征污染物。

3. 根据当地气象条件和周围环境敏感点与本项目的距离，对环境影响进行具体分析。对于垃圾焚烧发电厂，新改扩建项目环境防护距离不得小于 300m；对于垃圾综合处理厂，须进行恶臭影响分析。如果对环境敏感点有明显影响，应采取有针对性的防护措施。

4. (1) 焚烧设备须达到《生活垃圾焚烧污染控制标准》(GB 18485—2001) 规定的“焚烧炉技术要求”。

(2) 垃圾焚烧炉烟气排放须达到《生活垃圾焚烧污染控制标准》规定的“焚烧炉大气污染物排放限值”要求；对二噁英排放浓度应参照执行欧盟标准（现阶段为 $0.1TEQng/m^3$）；必要时加装脱硝装置；安装烟气自动连续监测装置；对二噁英的辅助判别措施提出要求。

(3) 注意对酸碱废水、冷却水的处置措施；对垃圾渗滤液的处置措施。

(4) 产生的污泥或浓缩液应在厂内自行焚烧处理，不得外运处置；炉渣与飞灰应分别处置，飞灰属危险废物，应按《危险废物贮存污染控制标准》(GB 18597—2001) 及《危险废物填埋污染控制标准》(GB 18598—2001) 进行储存、处置；鼓励飞灰综合利用，但应确保不造成二次污染。

5. 环境风险评价重点是二噁英和恶臭影响。

第三题

1. 本项目大气环境、声环境保护目标为：古圣移民住宅区、肖冲队以及高速公路。

2. (1) ①施工期：砍伐地表植物对生态环境的影响；矿区地表覆盖土剥离和工业场地建设造成的水土流失、施工粉尘、噪声对环境的影响；修建矿山道路的环境影响（占地、施工扬尘、噪声、取弃土场等）。②运营期：空气影响，有组织粉尘排放源主要是矿石破碎、皮带输送产生的，无组织排放粉尘源主要由矿山采掘、矿石汽车内部运输产生；矿区和采场水土流失；矿山水污染，矿山工业场地内有维修间、露天停车场、洗车台设施，洗车废水主要污染物是油和悬浮物；矿石运输交通噪声，矿山开采中采装、运输、破碎等工序都将产生噪声，高噪声设备主要有挖掘机、空压机、破碎机、筛分机、自卸式载重汽车等。③服务期满（闭矿）：闭矿后矿区对景观环境的影响以及生态恢复措施。

(2) 应采取的措施：①对矿山采掘、矿石汽车内部运输产生的无组织排放粉尘采用洒水降尘措施；有组织粉尘排放源主要是矿石破碎、皮带输送，采用配置袋式除尘器，并在皮带卸料处安装喷水设施，可有效控制扬尘。②对汽车冲洗和含油的场地雨水必须经隔油沉淀池去除油和悬浮物，经处理后达标方可将水排入古圣河，避免古圣河的水用于农田灌溉而污染农田。③破碎机、风机等设备采用减振、吸声和隔声措施。除尘系统风机配有消声器，破碎室等处设有隔声操作室。④生态保护措施在工程设计中确定合理、稳定的边坡角；对在开采境界内的高边坡和失稳边坡实施工程进行加固，如水泥护坡、削坡减载等工程措施；根据采场地形条件设置排水沟。对矿山道路、矿山工业场地等开挖和平整场地后形成的边坡，即时进行防护。对永久性边坡视其稳定程度可采用挡墙、削坡、永久性植被等措施；对临时性边坡采取削坡、喷浆等临时性防护措施。矿山服务终了后，对采场边坡进行土地再造工程，结合本地的种植特点和经济作物条件，营造和恢复矿区的绿色植被。

3. (1) 水环境：污水排水去向，纳污水体为几类水体，水污染源调查。

（2）大气环境：所在地区环境空气属几类区，当地气象资料，包括风速、风向、大气稳定度，主要大气污染源分布调查。

（3）生态环境：森林调查包括类型、面积、覆盖率、生物量、组成物种等，评价生物量损失、物种影响、有无重要保护物种，水土流失调查包括侵蚀面积、程度、侵蚀量及损失、发展趋势、工程与水土流失关系。

（4）声环境：主要噪声源与敏感点的相对位置。

4.（1）声环境：厂界和敏感点声环境影响预测。

（2）大气环境：粉尘和汽车尾气对敏感点影响预测。

（3）生态环境：矿山运营期间对区域生态环境影响预测。

（4）水环境：洗车水、生活污水对地表水影响预测。

第四题

1.（1）一级评价。

（2）理由：建设前后评价范围内敏感目标A中学和B小学噪声级增高量2～13dB，不能满足其环境功能区划要求，且沿线村庄较多涉及人口多，按照声影响评价导则的有关规定评价等级应确定为一级。

2. 本项目施工期和运营期环境噪声评价范围应分别取道路路中心线两侧300m、200m范围。由于路中心线两侧300m范围分布有声环境敏感点，施工期为流动声源，对敏感点有显著影响，评价范围应延伸至环境敏感点；而运营期为固定线源且随距离衰减，仅对距离近的敏感点有一定影响。

3.（1）工程技术资料：路段、结构、坡度、路面材料、标高、地面材料、交叉口、道桥数量。

（2）车流情况：分段给出昼间和夜间各类型车辆的平均车流量、车速。

（3）环境状况：公路至预测点之间的距离、地面类型，公路与预测点之间的障碍物、地形高差等。

（4）敏感点参数：敏感点名称、类型、所在路段、桩号（里程）和路基的相对高差、人口数量及沿线分布情况、建筑物的朝向、层数、现状噪声，采用的评价标准。

4.（1）针对项目施工期和运行期，预测评价B小学按标准要求预测声级的达标及超标状况。

（2）针对B小学影响范围绘制噪声等声级线图，明确合理的噪声控制距离和规划控制要求。

（3）结合工程选线和建设方案布局，评述其合理性和可行性，必要时提出替代方案。

（4）对提出的各种噪声防治措施进行经济技术论证，在多方案比选后规定应采取的措施并说明措施降噪效果。

5.（1）合理规划布局：尽可能避绕，或明确B小学与高速公路之间间隔一定的距离，或采取整体搬迁。

（2）噪声源控制：根据实际情况，采用低路堑等道路形式，并采用低噪声路面技术和材料。

（3）传声途径噪声削减：考虑设置绿化带等作为隔声屏障。

（4）敏感建筑物噪声防护：采取隔声门窗、通风消声窗等。

(5) 加强交通噪声管理：采取限鸣（含禁鸣）、限速等措施，合理控制道路交通参数（车流量、车速）。

第五题

1.（1）选用场址二。

（2）理由：①渣场为Y型山谷，填埋容积比较大，便于填埋作业和库区管理；②渣库无不良地质因素，周围村庄距离比较远，溃坝风险对环境和人身安全影响小；③主导风向和下风向无环境敏感目标。

（3）拟选场址的主要制约因素是距离公路较远，交通不便利，冲沟下方有一个村庄，附近有一个小学。按照国家对危险废物安全填埋场的要求进行设计施工，计算其安全防护范围，如学校和村庄在此范围内应搬迁；若不需要搬迁，应在坝下设监测井，监测对下游地下水的影响情况，同时制定完善的风险应急措施和预案，建设完善的运渣道路并进行专业管理。

2.（1）应调查场地占用土地情况、场地的生态和水土流失情况、有无珍稀动植物保护目标、场地周围供电和供水水源情况、周围区域环境质量现状和容量情况、场地地下水流向和水文地质情况、场地压占范围是否有文物和矿藏情况。

（2）补充水土保持报告、土地现状利用图、生态植被分布图。

3. 应重点分析填埋渣属性和成分、渣库防渗和渗滤液收集处理、填埋渣对土壤生态及地下水的影响、拦渣坝风险事故及预防措施。

4.（1）项目建设期可能造成的主要环境问题有：施工期运输扬尘、施工车辆尾气及噪声、占用土地及边坡工程对生态及水土流失影响、施工人员的废水和废弃物影响。

（2）项目运行期可能造成的主要环境问题有：废渣和渗滤液对地下水及土壤的污染、废渣表面有风扬尘、废渣运输车辆的扬尘及噪声、取弃土对生态环境的影响。

5.（1）企业编制封场计划报请当地环保行政主管部门核准。

（2）封场后对渣场固体废物固结状况、抗压性进行检测。

（3）建立封场标识，封场后对地表护理，继续收集和处理渗滤液。

（4）对渣场下游地下水继续进行监测，一旦发现有污染地下水情况，采取必要的处理措施。

第六题

1.（1）地下开采区造成地表塌陷，破坏土地功能和地表植被，切断地下水分布，改变地形地貌，从而导致生态系统改变。

（2）尾矿库坝压占大量场地，需要砍伐树木、铲除地表植被，由此会影响下游湖泊水质，坝体溃决将使自然灾害加剧。

（3）道路、生活区等的建设引起水土流失。

（4）固体废物（矿渣、尾矿、废石）等压占大量土地，引起景观变化，影响生态环境。

（5）土壤污染问题。

2. 金属矿山地下开采使地表产生错动影响区，在不同阶段出现地表塌陷，对国道和与道路平行的光缆造成切断、陷落、拉伸变形等直接影响。地下采矿还可能影响地下水的水位、水质及水资源量。

3.（1）环境影响：①在运行阶段，渗流外排、溢流携带尾沙外泄、汛期库水外排；②尾矿库干滩风蚀、尾矿沙外溢形成扬尘污染，甚至沙尘暴；③形成尾矿的后期坝边坡；④在关闭阶段形成面积巨大的干滩，风蚀严重，形成沙尘暴尘源。

（2）运行阶段及治理措施：①运行期确保回水率达到设计要求，渗流回用，汛前检查库、坝、水是否达到设计要求；②后期对坝边坡及时覆盖，均匀放矿；③关闭期覆盖全部干滩，建立植被，对尾矿库继续管理维护。

4.（1）生产中产生、使用有毒有害物。措施：采取工程措施消除；正确贮存、使用。

（2）使用炸药。措施：贮存在环境安全的场地。

（3）开采爆破。措施：使用环境影响小的采矿方法。

（4）尾矿库溃坝风险。措施：及时消除隐患，全过程管理。

5.（1）塌陷区：用地表废石、尾矿充填，场地恢复生态。

（2）尾矿库：后期坝边坡及时覆盖，关闭期覆盖全部干滩，建立植被。

（3）废石场：覆盖，建立植被。

（4）其他废弃场地：清除建筑垃圾，恢复植被。

6.（1）废石、尾矿全部充填井下。

（2）减少占地。

第七题

1.（1）A 区适合发展机械加工业、B 区适合发展轻工纺织业、C 区适合发展能源重化工业。

（2）理由：根据工业用地的布局原则，污染重的工业宜远离城市，并处于主导风向的下风向，污染轻的可布置在城市的近郊区。从污染轻重来看，能源重化工业污染最重，其次是机械加工、轻工纺织业。

2.（1）合理。

（2）理由：处于城市常年主导风向的下风向，与城市距离适中，位于城市工业集中区，处理后的中水便于回用。

3.（1）阐明并分析规划编制的背景、规划的目标、规划对象、规划内容、实施方案，及其与相关法律、法规和其他规划的关系。

（2）进行规划的协调性分析，即分析规划与城市总体规划及其他相关规划，如环境保护规划、其他两个工业开发区规划的协调性。

（3）规划实施限制因素分析。

（4）对规划提出的有关方案进行初步的筛选。

（5）对与本规划有关的配套工程进行简要说明与分析。

4.（1）水环境影响指标：规划开发区主要河流水质指标，包括 pH、水温、COD、BOD、DO、SS、氨氮等常规指标及与开发区规划建设项目有关的特征指标。

（2）环境空气影响指标：TSP、PM_{10}、SO_2、NO_2、Pb、F、O_3、B［a］P 及与开发区有关的特征污染物指标。

（3）噪声影响指标：区域环境噪声及主要噪声源噪声。

（4）固体废物影响指标：固体废物产生的种类、数量、成分、处理处置方式等。

（5）生态影响指标：土壤类型、生态系统类型、主要野生动植物及生态环境条件、主要生态问题及原因、生态演变趋势。

（6）风险：需识别风险源、风险发生的因素以及造成的危害等。

5.（1）与城市发展规划及其他相关规划的协调性。

（2）与环境功能的协调性。

（3）与其他两处工业开发区的协调性。

（4）区域环境承载力。

（5）进入该开发区的相关工业企业类型与产业链关系的协调性。

（6）节能减排、总量控制与清洁生产。

第八题

1.（1）施工期的环境影响。①噪声：公路地基处理、路基填筑、桥梁施工、路面施工等机械运行噪声；②环境空气：路基施工、道路施工引起的扬尘，路面施工产生的沥青烟；③水环境：施工机械的含油污水，施工营地的生活污水、生活垃圾以及桥梁施工对水体的污染，雨水对建筑材料堆放的冲刷；④生态环境：路基施工使植被遭到破坏，农田、林地被占用，地表裸露，增加水土流失，工程占地将减少当地的耕地、林地、园地等面积，施工对自然保护区、植被及野生动植物的不利影响；⑤社会环境：居民搬迁，交通不便。

（2）运营期的环境影响。①噪声：汽车运行产生的噪声；②空气环境：汽车尾气、路面扬尘；③水环境：路面的含油污水、生活污水、危险品运输泄漏事故对水体的污染；④生态环境：植被未完全恢复，水土流失依然存在，公路阻隔影响动物栖息环境。

2.（1）生态环境：西双版纳国家自然保护区勐养片区、植被、珍稀植物、珍稀动物、野生动物通道等。

（2）水环境：重点为K40＋150普文河水质，服务区、收费站处污水排放。

（3）社会环境：受拆迁影响的居民生活质量、土地利用、城镇规划。

（4）声环境、环境空气：居民点、学校等。

3.（1）生态环境现状调查内容：①自然环境调查：地形地貌、水文、土壤等；②生态系统调查：自然保护区及沿途评价范围内动、植物种（特别是珍稀物种）的种类、数量、分布、生活习性、生境条件、繁殖和迁徙行为的规律，生态系统的整体性、特点、结构及环境服务功能，与其他生态系统关系及生态限制因素等；③区域社会经济状况调查：土地利用现状、资源利用现状等；④敏感保护目标调查；⑤区域可持续发展规划、环境规划调查；⑥区域生态环境历史变迁情况、主要生态环境问题及自然灾害等。

（2）生态环境现状调查方法：①收集现有资料；②收集各级政府部门有关土地利用、自然资源、自然保护区、珍稀和濒危物种保护的规划或规定、环境保护规划、环境功能规划、生态功能规划及国内国际确认的有特殊意义的栖息地和珍稀、濒危物种等资料，并熟悉国际有关规定等资料；③野外调查；④收集遥感资料，建立地理信息系统，并进行野外定位验证；⑤访问专家，解决调查和评价中高度专业化的问题和疑难问题；⑥采取定位或半定位观测，如候鸟迁徙等。

4.（1）评价重点：①为生态环境影响评价，详细调查沿线生态现状；②本项目实验对生态环境的影响；③提出有针对性，切实可行的生态保护与恢复措施。

（2）本项目需经过国家级自然保护区核心区界内，与现行法律法规的有关规定相冲突。环境影响评价时，为了执行相关法律，在路线布设确实无法避开的前提条件下，由公路建设的业主单位提出申请，经国家级自然保护区主管部门同意，对其功能区划分调整为实验区并同意建设后，该公路项目方可穿越。因此，该项目在评价期间是认真执行相关法律法规和相关政策的。

5.（1）西双版纳国家级自然保护区勐养片区，所在区域是由原来的核心区划归为实验区的，发育着热带雨林等珍贵植被类型，生长着山白兰等重点保护的野生植物，栖息有亚洲象等重点保护的野生动物。

（2）天然植被保存较好的区域。

（3）珍稀植物（含狭域特有种）。

（4）珍稀动物，如亚洲象等。

6. 对减少环境影响的措施应分别从设计期、施工期和运营期三个时段提出。

（1）在设计期贯彻“环保选线”理念，进行路线方案优化，经过论证最终选择对自然保护区影响小的方案。同时对公路沿线陆域范围内的野生保护植物进行调查，记录受保护植物的名称、保护级别、类别、分布地理位置、分布数量。对受保护动物亚洲象应调查活动栖息场所，特别是活动或饮水路线等，为保护措施提供依据。

（2）施工期，依据现场调查结果，提出生态监理制度。对受保护植物提出移栽保护或保护遗传因子的措施，使被保护的野生植物在施工期的影响减低到最低限度。增设动物通道或增加桥隧比例的措施，从而减少对动物的阻隔。

（3）运营期，在自然保护区路段设禁鸣措施，对公路路侧坡面、中央分隔带、互通立交区、服务与管理区、取弃土场等处的绿化或植被恢复措施，并强调在植被恢复时只能选用当地植物，以保证生态安全。

押题模拟试卷（三）

第一题

1.（1）本项目噪声评价范围取道路两侧 500m。

（2）理由：由于项目沿线较远处才有声敏感点，项目噪声评价范围应适当放宽到敏感区附近，可取道路中心线两侧 500m 范围内。

2.（1）生态环境影响：施工可能导致沿途生物量减少（尤其是自然保护区段），改变地形地貌，并造成景观影响（尤其是途经风景旅游区段）。

（2）水土流失：取土点、弃土点、桥梁基础作业、水库旁路基建设、房屋拆迁等容易发生水土流失并对环境造成恶劣影响。

（3）水环境影响：施工人员产生的施工废水、桥梁施工、水土流失等可能对水质造成影响，在途经水源保护区路段施工时需特别注意。

（4）声环境影响：建筑拆迁等施工噪声会对施工区周围居民区等声敏感点造成影响。

（5）施工扬尘和固体废物也会对施工区周围的大气环境、水环境等造成影响。

3.（1）主要调查方法：资料收集、文献调研、现场考察、遥感解译、专家访谈等。

（2）调查内容：①自然环境调查：地形地貌、水文、土壤等；②生态系统调查：自然保护区及沿途评价范围内动、植物（特别是珍稀物种）的种类、数量、分布、生活习性、生境条件、繁殖和迁徙行为的规律；生态系统的整体性、特点、结构及环境服务功能；与其他生态系统关系及生态限制因素等；③区域社会经济状况调查：土地利用现状、资源利用现状等；④敏感保护目标调查；⑤区域可持续发展规划、环境规划调查；⑥区域生态环境历史变迁情况、主要生态环境问题及自然灾害等。

4.（1）工程概况：介绍项目名称、工程项目设计等。

（2）施工规划：介绍工程的施工规划。

（3）生态环境影响源强分析：①根据调查结果，从生态完整性和资源分配的合理性对项目建设可能造成的生态环境影响源强进行分析，尽可能给出定量数据，如占地、植被破坏量、水土流失量等；②注意分析生态环境影响时要考虑区分临时影响和永久影响、直接影响和间接影响，而且要同替代方案或推荐方案对比分析，工程选线、选址方案不同，施工方案不同，其对生态环境的影响有很大差异。

（4）主要污染物排放量分析：项目建设和运行过程中主要污染物废水、废气、固体废物的排放量和噪声源强，以及其他风险问题。①建设期工程分析：施工人员生活污水、施工扬尘、施工噪声。施工人员的生活污水根据施工人数和施工人员每天的用水定额来计算；施工扬尘与施工噪声可采用类比法来计算。②运行期工程分析：公路噪声和汽车尾气对周围环境敏感点的影响，同时考虑公路车辆泄漏和事故风险影响源强。

5. 本项目竣工后需选择合适的方法进行环境保护验收调查，调查的重点为水土流失危害、景观影响、水源区水环境影响、土地资源占用量、生物多样性损失、声环境影响。调查施工过程中是否采取了相应的环境保护措施，以及采取措施后的效果。

第二题

1.（1）该项目地表沉陷区范围和沉降深度预测，采煤沉陷对井区范围内泉点等地下水水位的影响及对选址区附近自然植被和农作物的影响。

（2）该项目采煤沉陷以及沉陷引发的对地表植被的破坏造成的水土流失、滑坡、泥石流等地质灾害。

（3）地表最大沉陷区引发的对区内文物、村庄建筑物的破坏以及由此引发的居民搬迁等社会影响。

（4）地表沉陷造成对沉陷区农田和林地的影响，导致占用或是农田使用功能丧失。

2.（1）从饮用水角度评价本项目采煤对开采境界内的中型河流水量的影响，分析此中型河流作为下游城市的饮用水源的可行性，论证防水煤柱留设的合理性；水污染源主要调查：经尾矿库区域处理后是否被重复利用并做到了不外排；行政办公区及生活区污水是否得到有效处理或循环利用。

（2）从水质角度分析矿井水和洗煤废水进行有效处理后被重复利用的可行性，分析这些废水外排对开采境内河流水质环境的影响，以及对下游城市取水水质的影响。

（3）从矿井水处理和资源综合利用的途径、利用率方面分析该项目的水综合利用率、综合利用途径等指标与国家相应环保政策的符合性，并提出矿井水综合利用方案。

3.（1）重点调查所预测的沉陷区居民户数、人口、拟搬迁时间、搬迁补偿方案和搬迁计划等。

（2）调查沉陷区内文物名称、数量、保护级别，文物保护范围，并与相关文物管理部门进行沟通以取得合法手续，对于包括在文物保护范围内的工程建设内容，分析地下开采计划中是否留设保护煤柱。

（3）调查沉陷区及其附近地形地貌、生态系统特征、水文地质条件、地表水和地下水水源地分布情况；尤其是已知开采境界内有中型河流为下游某城市的饮用水源，故需要重点调查该河流水质、水量、水文等相关内容。同时应调查当地政府或有关部门是否对该河流进行了饮用水保护区的划分、取水口位置与供水人口等情况；在饮用水源保护区范围内本项目是否有工程建设设施，是否在河流段设置了排污口。

（4）调查沉陷区的农田是否属于基本农田，调查农田种类、面积、庄稼品种、产量等，同时应取得沉陷区内基本农田的相关法律手续和初步补偿计划。

4.（1）当地政府协调沟通，贯彻落实“上大压小”政策，关闭周边6个小煤矿，取得相关“上大压小”新建大型煤矿的法律手续。

（2）落实煤矸石综合利用，按照环评及设计文件煤矸石用做建筑材料，建成投产前应与相关企业签订供应煤矸石的协议。

（3）落实瓦斯抽采利用的环保措施，建设瓦斯发电站用于满足本矿生产、生活、周边居民用电需求。

（4）落实矿井水经地面处理站处理后重复利用的措施，根据水质情况矿井水可用于矿区生产、露天堆场抑尘、选煤、井下抑尘、黄泥灌浆、地面绿化等。

5. 该项目中煤矸石堆场大气污染物控制因子是颗粒物和二氧化硫。

6. 本项目的主要环境保护目标有：井田范围内的村庄、农田、泉点和饮用水源地、井区中型河流以及省级文物保护单位。

第三题

1.（1）全厂工业用水重复利用率为：$(10\ 374+10)\div(10\ 374+10+691)\times100\%\approx93.76\%$。

（2）全厂水的循环利用率为：$10\ 374\div(10\ 374+691)\times100\%\approx93.75\%$。

（3）全厂污水回用率为：$10\div(10+522+100)\times100\%\approx1.58\%$。

2. COD排放总量为：$(100\times10^3\times100+522\times10^3\times50)\times8\ 000\times10^{-9}=288.8$（t/a）。

3. 应分析现有工程的基本情况、污染排放及达标情况、存在的主要环境保护问题及拟采取的整改措施等内容。

4.（1）清净下水（循环排污水）经适当处理后回用于设备冲洗和现有装置，或回用于卫生间冲洗、绿化用水、景观用水。

（2）污水处理厂排水再进一步深度处理后用于工业循环冷却补充水，或用于农田灌溉。

（3）污水处理厂排水应考虑送园区污水处理厂。

第四题

1.（1）①地表水：水温、pH、SS、DO、COD、BOD、NH_3-N、石油类等；②环境空气：SO_2、NO_2、TSP；③声环境：等效声级。

（2）①地表水水质指标：水温、pH、溶解氧、高锰酸盐指数、化学需氧量（COD）、五日生化需氧量（BOD_5）、氨氮（NH_3-N）、总磷、总氮。还有石油类、动物油等特征参数。②空气指标：二氧化硫、二氧化氮、一氧化碳、总悬浮颗粒物、可吸入颗粒物、臭氧、铅、苯并［a］芘、氟化物。

2. 本项目评价的敏感点为位于排污口下游 20m 处的国家级森林公园，以及工程附近的小学和居民区，尤其是居民区，因为居民区最近离本工程地址只有 200m。另外评价区内还有少量其他国家级、自治区级濒危动、植物及特殊栖息地保护区、文物古迹等，这些也都应该给予不同程度的关注。

3. （1）工程废水，应当在工程建造的时候建设废水处理设施，保证废水达标排放。

（2）生活污水，可以经过化粪池处理后排放市政污水管网。

（3）其他废水，可以利用的尽可能利用，比如生产过程中产生的橘水含有机物浓度较高，可以送往酒精厂用以生产酒精。

4. （1）甘蔗渣可以用来作为工程生产的动力燃料。

（2）滤泥可以作为肥料进行施肥。

（3）灰渣用于铺路、制砖等。

5. （1）各种大型除尘系统应设置专用风机房，风机设减振垫。

（2）对于各类电机等，可采用隔声罩，强噪声车间应设置隔声操作室。

（3）对在强噪声环境中工作的人员采取个人防护措施。

第五题

1. （1）场址三比较合适。

（2）理由：场址一位于村庄上风向，且距离较近。虽然位于水库淹没区之外，但可能在保护区之内，因此，场址一不符合要求。场址二选择在应该避开的矿井废弃区，不符合要求。场址三虽然地下水位条件较差，但可能通过建设地下水导排系统、加高基础层厚度解决；洪水位虽然较低，但有可靠的防洪设施。符合山谷型填埋场选址标准可以适当降低的要求。

2. （1）选址合理性的分析与评价。

（2）填埋场产生的渗滤液对地下水的影响。

（3）施工及运营期大气污染物对环境空气质量的影响，特别是填埋场的恶臭物质与焚烧产生的飞灰的影响。

（4）运营期填埋场滋生的害虫、昆虫、啮齿动物以及在填埋场觅食的鸟类和其他动物可能传染疾病。

（5）填埋场占地及施工对生态环境的影响。

（6）垃圾运输及填埋作业，产生的噪声对公众的影响。

（7）填埋场对周围景观的不利影响。

3. （1）不应低于 40m。

（2）理由：根据《生活垃圾焚烧污染控制标准》，处理量为 100～300t/d 的焚烧炉烟囱高度不得低于 40m。

4. （1）由环境卫生机构收集或者自行收集的混合生活垃圾，以及企事业单位产生的办公废物。

（2）不包括焚烧飞灰的生活垃圾焚烧炉渣。

(3) 生活垃圾堆肥处理产生的固态残余物。

(4) 服装加工、食品加工以及其他城市生活服务行业产生的性质与生活垃圾相近的一般工业固体废物。

第六题

1.(1) 自然环境现状调查，包括地形地貌、水系及拟开发河流水文特征调查。

(2) 陆生生物多样性调查，包括物种，特别是珍稀濒危野生动植物种、群落及生态系统类型、结构、功能、现状问题及原因演替趋势调查分析。

(3) 水生生物多样性调查，包括重要经济鱼类的“三场”调查，重要饵料生物的调查，洄游性鱼类特性调查。

(4) 自然保护区、风景名胜区之等级、功能区划、保护对象及其价值，存在的问题及原因分析，是本规划生态现状调查的重点对象。

2.(1) 主要生态保护目标有：保护流域的生物多样性，保护区域陆生、水生生态环境及重要物种的栖息地，重点保护自然保护区和风景名胜区，保护生物的群落结构及种群密度，维护区域生产力，尽可能保持流域景观生态体系。

(2) 评价指标以定量与定性指标相结合。可选取重要野生动植物物种是否消失，规划建设项目与重要生境的区位关系及可能受到的影响，规划工程对珍稀保护物种的影响，分析、评价是否会因本规划实施而发生陆生生态系统结构与功能的变化，分析与流域内生态保护规划的协调程度，工程建设土石方工程对水土流失的影响。

3.(1) 陆生生态：主要从流域生态完整性、流域生物多样性、对局地气候、对环境敏感对象自然保护区、风景名胜区的影响方式、程度与范围等方面进行分析、评价，对规划方案可能影响的珍稀、保护陆生动植物进行评价。

(2) 水生生态：分析评价区域内水域生态条件、水生生物组成特点、种群数量以及下游河段中水生生物及鱼类的影响，重点是重要经济鱼类“三场”及珍稀、洄游性鱼类的调查及影响评价。

(3) 水土流失与地质灾害：分析评价区水土流失现状、成因及危害，预测分析规划实施各建设项目对水土流失的影响，评价水库建成导致大规模地质灾害的可能性，以及施工区，特别是渣场布置的环境可行性。

4.(1) 规划实施可能对相关区域、流域生态系统产生的整体性影响。

(2) 规划实施可能对环境和人体健康产生的累积性或叠加影响。

(3) 规划实施的经济效益、社会效益与环境效益之间的关系。

5.(1) 水资源影响：有水量与水质两个方面，主要是水资源的重新分配及其影响，水质污染影响。

(2) 生态影响：陆生生态与水生生态影响，特别是对陆生珍稀野生动植物、自然保护区、风景名胜区的影响，水文情势变化对水生生物，特别是重要经济鱼类的影响。

(3) 水土流失与地质灾害：规划实施后由于淹没及冲蚀等造成的水土流失与地质灾害影响。

(4) 社会环境影响：主要是移民安置产生的不利影响，对区域能源结构、交通、当地居民的生产与生活、人群健康、宗教信仰、后备土地资源等的影响。

第七题

1.（1）项目污水总排放量：（9＋124－26）×24＝2 568（m^3/d）。

（2）水环境影响评价为三级。

2. 本项目污水受纳水体功能为景观用水，执行《地表水环境质量标准》（GB 3828—2002）中的Ⅴ类标准，因此项目废水排放执行三级标准。则本项目废水中各污染物浓度及各污染物的去除率见下表。

废水水质及达标去除率（单位：mg/L）

废水种类	废水量（m^3/L）	COD_{Cr}	挥发酚	氰化物	石油类	氨氮
炼焦车间废水	9	2 000	400	11	30	90
煤气净化车间	98	4 500	600	18	50	195
干熄焦系统冷却水	72	0.5	/	/	/	/
混合后	179	2 564.4	348.6	10.4	28.9	111.3
三级排放标准	179	500	2.0	1.0	30	/
去除率（%）	/	80.5	99.4	90.4	0	0

3.（1）因为项目水环境评价级别为三级，因此对附近河流现状调查只可在枯水期进行。若选址区周围面源污染严重，丰水期水质劣于枯水期时，若时间允许也应调查丰水期。

（2）本项目水环境现状调查的范围为5～15km。

4. 在利用数学模式预测河流水质时，充分混合段可采用一维模式或零维模式预测断面平均水质。预测河流溶解氧与BOD的沿程变化时可采用S-P模型。

5. 大气环境影响评价的主要评价因子为氮氧化物、二氧化硫、TSP和烟尘。

第八题

1.（1）对地表植被的破坏，造成一定的植被生物量损失及其生态效益的损失。

（2）破坏农田，造成农田面积的减少和粮食产量的损失。

（3）地表清理及岩土剥离会造成新的水土流失。

（4）由于处于山区，还需分析是否会引起山体滑坡、泥石流等地质灾害的发生，进而破坏生态环境。

（5）清理、剥离活动是否会对山区野生动植物造成不利影响。

2.（1）运营期对水环境的影响主要是不断抽排地下水，容易导致地下水位的下降，影响周边井水水量或水质，进而影响居民生活。

（2）地下水位下降也有可能影响周边植被的生长。

（3）抽排地下水也容易导致地表下沉，形成“漏斗”。

（4）采矿作业破坏植被引发水土流失，容易使下游河流地表水水质变差。

3.（1）调查尾矿库区及影响范围植被的生态环境特征、植被类型及分布情况。

（2）调查有无国家或地方保护的植物物种及分布情况。

（3）调查主要植物种类，包括乔木、灌木、草本等植物，特别是优势种的生长情况。

（4）设置样方，调查植被及主要植物的覆盖率、频率、密度等基本情况，实测或估算其生物量。

4.（1）尾矿放矿及堆存过程中不断扩占土地，造成植被破坏。

（2）尾矿干滩产生的扬尘对环境空气的污染。

（3）尾矿库区人员活动及尾矿坝堆高作业的噪声影响。

（4）尾矿库渗漏可能对地下水的影响。

（5）对周边区域的景观影响。

（6）溃坝风险影响。

5.（1）居民需搬迁。

（2）理由：居民处于沟口，尾矿库下游。若尾矿库发生溃坝事故，将危及居民安全。

押题模拟试卷（四）

第一题

1.（1）本项目的验收监测标准主要包括两个方面：①污染源达标排放标准，包括污染源的主要污染指标浓度监测达标，污染源排放口技术指标达标（如排气筒高度达标、废水排放口规范、监测点位设立规范等），排放总量达标（重点包括总量控制指标达标）；②验收监测的采样测试方法标准。

（2）验收监测方法标准选取原则：验收检测时，应尽量按国家污染物排放标准和环境质量标准要求，列出标准测试方法。

2.（1）医院竣工环境保护验收监测的范围包括：医院医疗废水消毒处理系统的运行效果和废水达标情况、锅炉废气消烟除尘处理效率和烟气达标情况、焚烧炉废气消烟除尘效率和达标情况。

（2）对比环境影响评价报告、专家评审结论和环境主管部门的审批意见，验收本次验收的主要污染源及其环保设施。①废气：包括燃煤锅炉配置的XZD-2型单筒旋风除尘器排气中烟尘浓度、速率和除尘效率；医疗废物焚烧炉的温度、烟气停留时间、焚烧效率及烟气中污染物的浓度和速率等；②废水：医院废水处理站各主要处理车间的处理效率及处理后污水中各污染物的浓度和排放量等；③噪声源：包括锅炉鼓风机和引风机、水泵等的源强、降噪效果和厂界噪声等；④固体废物：包括锅炉炉渣、医疗固体废物、污水处理过程中的污泥、焚烧炉的炉灰和除尘器除尘的处理途径及固体废物处理设施的处理效果；⑤放射源：包括影像中心内的X光机、CT机等放射源强和处理效果。

3.（1）布点原则。对焚烧炉依据《危险废物焚烧污染控制标准》（GB 18484—2001）及《固定污染源排气中颗粒物测定与气态污染物采样方法》（GB/T 16157—1996）布设采样孔和采样点。

（2）点位布设。①锅炉和焚烧炉烟道气监测布点。锅炉除尘器进口：烟道为矩形300mm×400mm，按断面尺寸分成2个等面积小矩形块，测点位于等面积小矩形中心，设2个测点；锅炉除尘器出口：烟道为圆形，按等面积圆环，设2个测点；焚烧炉除尘器进口，设1个测点；焚烧炉排放口（除尘器出口），设1个测点。②废水监测点位布设。在医院污水处理站的沉淀池进口设采样点，接触池的出口设采样点，共两个采样点。③噪声监测点位布设。根据该院实际情况，在医院东西南北厂界至少各设 1 个厂界噪声监测点，共设 4 个。锅炉鼓风机和引风机各设 1 个点。④无组织排放监测点位布设。根据当地环保局的要求和本项目环评报告的实际情况，决定是否设定本项目污水处理站恶臭污染物无组织排放监测点。

4.（1）验收监测重点：①医疗废水处理系统的处理效果和粪大肠杆菌的达标率；②医疗废物焚烧炉的处理效果和燃烧废气中污染物排放的达标情况。

（2）本项目竣工验收监测内容：①现场踏勘与调查。调查污染处理设施医疗废水二氧化氯处理系统、医疗废物焚烧系统、厂区的绿化面积是否按环境影响报告和批复进行建设，是否有环境保护管理机构、监测人员，有无环境保护管理制度。②对建设项目排污情况和环保措施运转效果按照监测方案进行监测；对监测结果从浓度、速率、排放总量等方面进行全面的综合的评价。③环保设施的处理能力和效率监测分析。污染治理设施是否达到企业的设计要求，是否按环境影响报告和批复进行建设，是否达到污染物排放标准要求。④分析环保设施运行中存在的问题。本项目中焚烧炉的烟囱高度为 6m，无法达到《危险废物焚烧污染控制标准》的要求。⑤提出竣工验收监测结论和建议。医疗废物得到焚烧处理，医疗废水消毒处理，锅炉烟气消烟除尘，环境保护制度已经建立和健全。厂区的绿化面积、传染病区的安全设置距离、环保措施已符合要求。污水处理系统、医疗废物焚烧炉有专人管理。⑥经验收监测和评价，做出医疗废水、锅炉废气、焚烧炉的焚烧废气是否达标排放的结论。根据《危险废物焚烧污染控制标准》和焚烧炉的焚烧量，建议医疗废物焚烧炉烟囱高度至少加高到 20m。

第二题

1. 确定水污染负荷首先必须分析本项目的用水平衡，然后对各部分排水（包括工艺废水、辅助工程排水、办公生活用水）的水质采用类比法、物料平衡法或者经验系数法进行确定，最后根据水质和水量计算总体的水污染负荷。

2.（1）根据生产和生活过程中废水排放的种类，确定调查的水质因子，同时考虑当地河流水质中的特征污染因子，调查排放口所在河流的水质现状、水文情况。

（2）根据污水排放量及调查要求确定现状调查范围和调查时间。

（3）搜集相关资料，调查当地的供水规划，主要是供水规模、给水厂的选址。

（4）调查当地有无集中污水处理厂，管网建设情况，尤其是本项目附近的污水管网建设情况，调查本项目是否能接入这些市政设施。

（5）调查排放口下游是否有养殖场，是否有分散取水设施，养殖场的规模、种类，取水设施的规模、用途等。

（6）调查当地的地下水情况，并调查地下水与地表水的补给关系。

3. 在水环境部分的影响评价中用到相关的环境质量标准和污染物排放标准，主要有《地表水环境质量标准》（GB 3838—2002），《污水综合排放标准》（GB 8978—1996），《制浆造纸工业水污染物排放标准》（GB 3544—2008），以及相应的地方标准。

4.（1）对于项目来讲预测的时段包括项目的施工建设期和运行期以及工程终了期。本项目预测的时段为项目运行期。在水文期上，预测的时段一般选择不利的水文条件，对于水污染来说一般选择枯水期和平水期进行预测。

（2）水环境影响预测参数的选取有预测因子的筛选和水质模型中参数的选取。预测因子的筛选主要是根据项目的特征污染因子和当地水环境特征因子进行选择。本项目可以选择主要的污染指标 COD、氨氮、挥发酚等参数预测。水质模型中的参数选取首先根据提供的河流资料及调查情况确定合适的水质模型，然后根据选取的水质模型确定模型中有关地方（或经验）参数。

第三题

1.（1）$1^{\#}$机组生产负荷率为 75.9%（455.55÷600×100%）～77.8%（467.01÷600×100%），$2^{\#}$机组生产负荷率为 92.0%（552.18÷600×100%）～94.2%（565.30÷600×100%），能够满足国家对建设项目环保设施竣工验收监测的要求（额定负荷75%以上）。

（2）$1^{\#}$和$2^{\#}$机组的产生量或排放量、除尘和脱硫效率见下表。

$1^{\#}$和$2^{\#}$机组的产生量或排放量、除尘和脱硫效率

监测项目	监测断面	产生量或排放量（kg/h）	除尘效率（%）	脱硫效率（%）
烟尘	$1^{\#}$机组除尘器进口	6 263.13	99.3	/
	$1^{\#}$机组除尘器出口	46.5		
	$2^{\#}$机组除尘器进口	10 002.6	99.1	
	$2^{\#}$机组除尘器出口	95.0		
二氧化硫	$1^{\#}$机组脱硫进口	1 137.0	/	97.2
	$1^{\#}$机组脱硫出口	31.8		
	$2^{\#}$机组脱硫进口	986.7		95.7
	$2^{\#}$机组脱硫出口	42.1		
氮氧化物	$1^{\#}$机组脱氮出口	540.0	/	
	$2^{\#}$机组脱氮出口	1 235.5		

2.（1）烟尘排放总量＝（46.5＋95.0）×24×365＝1 239 540（kg/a）≈1 240（t/a）。

（2）二氧化硫排放总量＝（31.8＋42.1）×24×365＝647 364（kg/a）≈647（t/a）。

3.（1）根据标准判断，该项目验收监测能够达标。

（2）周边外浓度最高点一般应设置于无组织排放源下风向的单位周界外 10m 范围内，若预测无组织排放最大落地浓度点越出 10m 范围，可将监控点移至该预测浓度最高点。

4. 监测断面应布设于废气处理设施各处理单元的进出口烟道、废气排放烟道。该项目为电厂，生产连续稳定，采样和测试的频次一般不少于 3 次，排气出口颗粒物每点采样时间不少于 3min。

第四题

1.（1）调查上游陆域大坝蓄水淹没区及影响范围内涉及的物种、种群和生态系统。

（2）重点调查陆域范围内有无受保护的珍稀濒危物种、关键种、土著种和特有种，天然的经济物种及自然保护区等，如涉及国家级和省级保护生物、珍稀濒危生物和地方特有物种时，应逐个或逐类调查说明其类型、分布、保护级别、保护状况与保护要求等。

(3) 植被调查可设置样方，调查植被组成、分层现象、优势种、频率、密度、生物量等指标。

(4) 动物调查，应调查动物种类、分布、食源、水源、庇护所、繁殖所及领地范围，生理生殖特性，移动迁徙等活动规律。

(5) 调查生态系统的类型、结构、功能和演变过程。

(6) 调查相关的非生物因子特征（如气候、土壤、地形地貌、水文及水文地质等）。

2. (1) 在工程运行期，由于大坝阻隔，对上下游鱼类物种交流有一定阻碍。

(2) 本项目大坝下游有鱼类的索饵场、产卵场，被大坝截在上游的鱼类进入索饵场和产卵场成为困难，而水库不同方式的放水对下游河道的水生生态影响明显。

(3) 水文情势的变化导致饵料生物变化无常，水温、流量、流速、水位、含沙量的变化对鱼类产卵也有不利的影响。

(4) 河道中鱼类的种群结构将发生变化、急流性或深水性鱼类将对下游水位变浅不适应。

3. (1) 移民区遗留的环境影响。遗留的固体废物、建筑残物、生活垃圾，特别是养殖垃圾如不能得到彻底清理，对库区蓄水将造成不利影响；若原来的陡坡开垦的农田不能及时退耕还林还草，其水土流失也将影响库区水质与水位。

(2) 移民安置区的环境影响。对安置区环境容量的影响，增加了安置区的环境与资源压力，移民安置占地及土地开发植被变化对生态的不利影响，农药、化肥面源污染，水土流失等。

(3) 移民安置不当可能产生的不利影响。①有可能造成移民返迁，加剧库区生态破坏；②陡坡开垦，使水土流失加剧，甚至诱发地质灾害。

(4) 人体健康与民族文化多样性的影响。

4. (1) 环境保护工程措施：①库区移民、库底清理措施，保障库区水质；②涉及珍稀保护植物的移植、引种栽培、工程防护等措施，涉及保护动物的栖息地保护、建立新的栖息地等措施；③防治水土流失的护坡、拦挡、导排洪水的排水沟、导水槽等工程措施；④保障洄游性鱼类的正常洄游的过鱼设施、人工增殖放流，如有竹木流放，则需要设置流放竹木的设施，解决低温水影响的能够分层取水的措施。

(2) 环境管理计划内容：①成立环境管理机构、制定管理办法、落实人员与经费，实施施工期的环境监理；②开展库区水质定期监测、生态调查，特别是针对工程对鱼类“三场”的影响及变化情况应进行调查；③严格分层取水、定期放水、保障生态需水量的日常管理；④制定环境风险应急预案，并定期进行演练；⑤建立健全环境管理档案，如实记录工程建设过程及其环境影响与变化过程，环境调查成果及科学研究成果；⑥在工程竣工后落实竣工验收，并在稳定运行后3～5年内进行环境影响后评价。

第五题

1. (1) 一级评价。

(2) 理由：该高速公路为大型建设项目，建成后噪声级增高3～11dB（A），沿线村庄较多，涉及人口多，声环境功能区为居民集中区，噪声影响声级变化幅度较大，且有国家保护野生动物。

2. (1) 工程技术资料：公路路段、道路结构、坡度、路面材料、标高、地面材料、交叉口、道桥数量。

（2）车流情况：分段给出公路、道路昼间和夜间各类型车辆的平均车流量，车速。

（3）环境状况：公路至预测点之间的地面类型，公路与预测点之间的障碍物，地形高差等。

（4）敏感点参数：敏感点名称、类型、所在路段、桩号（里程）和路基的相对高差、人口数量、沿线公布情况、建筑物的朝向、层数、现状噪声，采用的评价标准。

3.（1）调查并收集野生动物名称、保护级别、种群数量、分布、生态环境条件，包括栖息地、活动区、食源、水源、庇护所、繁殖区、迁徙路线及领地范围等。

（2）调查并收集当地水土保持区划及水土保持要求，收集沿线有关发生水土流失的侵蚀模数，包括地形、坡度、当地降水量、植被覆盖率等方面的资料，调查收集当地已采取的成熟有效的水土保持措施。

4.（1）工程选线尽可能少占耕地。

（2）采用低路基或以桥隧代路基方案。

（3）利用隧道弃渣作路基填料，减少从耕地取土。

（4）临时占地选址尽可能避开耕地。

（5）保护土壤层，工程建设时先将表层土壤剥离，堆放保存好，用于植被恢复或重建。

（6）利用两地电厂粉煤灰用路基填料之一，减少从耕地内取土。

5. 桥梁运营期的风险主要是运输危险品车辆发生交通事故时危险品泄漏对下游饮用水源地的污染，对此可提出的防范措施包括：

（1）提高桥梁建设安全等级。

（2）建设桥面径流引导设施，避免直接排入河流。

（3）设置警示标志和监控设施。

（4）限制车辆速度。

（5）实施运输危险品车辆的登记和全程监控制度。

（6）提出风险应急预案。

第六题

1.（1）安装烟气脱硫设施、低氮燃烧器或 SCR 脱氮。

（2）生产用水应将地下水改为地表水或其他水源。

（3）煤场应设置抑尘设施，加强喷水管理。

（4）煤矿沉陷区的灰场应封闭并复垦。

（5）灰水经处理后回用。

2. 从表 6-1 可知，SO_2 最大小时地面浓度为 0.36mg/m^3，NO_2 为 0.21mg/m^2。

（1）SO_2 最大小时地面浓度占标率 $P_{max}=0.36\div0.5\times100\%=72\%$。

（2）SO_2 小时地面浓度 $D_{10\%}>5\ 500$m。

（3）NO_2 最大小时地面浓度占标率 $P_{max}=0.21\div0.24\times100\%=87.5\%$。

（4）NO_2 小时地面浓度 $D_{10\%}>5\ 500$m。

（5）按照《环境影响评价技术导则　大气环境》（HJ 2.2—2008），应取 NO_2 最大小时地面浓度占标率 P_{max} 作为判据。其 $P_{max}>80\%$，且 $D_{10\%}>5$km，故大气评价等级应为一级。

(6) 大气评价范围为：以 240m 高烟囱为中心，30km 为半径的圆形区域；或 60km 为边长的矩形区域，应将国家级自然保护区纳入评价范围内。

3. (1) SO_2 的排放量为：$480\times6\,500\times100\times10^{-9}=0.312$ (t/h)。

(2) 硫生成 SO_2 的份额为：$0.312\div[480\times0.8\%\times2\times(1-95\%)]\times100\%\approx81.3\%$。

4. (1) 防治措施：①在设计中要有防渗系统、集排水系统、渗滤液收集、处理系统以及对场周边地下水的监控；②应采用天然或人工材料构筑防渗层，防渗层的厚度应相当于渗透系数 1.0×10^{-7}cm/s 和厚度 1.5m 的黏土层的防渗性能。

(2) 地下水监测布点：应根据地下水流向，至少设置 3 口地下水质监控井，第一口设在灰场上游（对照井），第二口设在灰场下游（监视监测井），第三口设在灰场下游周边（污染扩散监测井）。

5. (1) 北厂界噪声达标：现有电厂冷却塔和新建冷却塔对北厂界的噪声贡献值叠加值为 49.8dB (A)，小于 50dB (A)，但接近标准值，建议采用有效的消声、减振、隔声、吸声等措施。

(2) 村庄甲噪声超标：新建冷却塔对村庄甲的噪声贡献值叠加背景监测值为 51.5dB (A)，大于50dB (A)，但程度不大，建议采用远离敏感目标，有效的消声、减振、隔声、吸声措施，设置绿化带等。

第七题

1. (1) 环境影响识别：采用清单法、矩阵法、专家判别法等。

(2) 规划实施污染源预测：主要采用系数外推法、类比分析法、资料调查法、专家咨询法、综合分析法等手段分析规划方案的环境影响因素、污染源强。

(3) 环境现状评价：主要采用资料分析、现状监测、现场勘察、数理统计等技术方法。

(4) 环境影响分析：采用模型法、趋势外推法、类比分析等方法。

(5) 环境容量：采用模型法、资料调查等方法确定评价区域环境容量。

(6) 公众参与：采用问卷法、访谈调查、座谈会、专家咨询等方法。

2. (1) 对于工业发展规划来说，由于资源承载力和环境容量有限，不合理的资源开采，无节制的环境污染和生态破坏，将会严重制约社会经济的发展。因此要对各类环境影响因素进行识别。①识别要素包括主体和受体，其中主体包括水污染因子、大气污染因子和固体废物污染因子，受体则包括水环境、大气环境和生态环境；②识别的产业主要是规划中提到且污染较重的产业，如钢铁、石化、汽车、铝业、锰业、林浆纸、高新技术产业等；③识别预测因子和环境风险要素，预测因子大多是对环境影响较大的污染因子或重要的环境要素。

(2) 评价的主要因子：①水资源和水环境，化学需氧量、氨氮；②大气环境，烟尘和 SO_2；③生态环境，森林、湿地、土地、水体。

3. (1) 建设生态功能保护区。

(2) 加强自然保护区建设。

(3) 加强资源开发与项目建设中的生态环境保护监督。

(4) 加强生物物种资源和生物安全管理。

(5) 强化近岸海域生态环境保护。

4. (1) 林浆纸业：人工造林会对土地利用、天然林、生态系统多样性、土壤与水土保持等方面产生不良影响；造纸产生的高浓度有机废水排放会对水生生态系统产生危害。

(2) 矿山开采：矿山开采将会使局部生态系统结构的完整性受损，促使原有自然景观格局逐步向以人类干扰为主的矿区景观格局方向演替。如果不及时采取有效的人工复垦和生态恢复措施，水土流失将加剧，采空区最终将演替为实质荒漠，这种影响将是不可逆的、长期的。

(3) 石化产业：沿海石化产业的发展，会对沿海生态环境、渔业资源和渔业生产产生巨大的破坏作用，影响的内容主要包括土建施工对陆域生态系统的影响，码头和海底管道工程施工对海域水生生态系统、渔业资源和自然保护区等环境敏感区的影响，项目运营期废水排放对海域生态系统的影响等方面。

(4) 钢铁、冶金行业：行业排放的废水中含有不易降解的重金属类物质，可以通过生物链富集，随食物链的延伸而增大，排入水域中的重金属被水生生物富集，影响水生生物，人若食用这些水产品，有毒物质可以在人体内进一步富集，从而影响人类健康。

第八题

1. (1) 满足验收调查要求。

(2) 理由：根据《建设项目竣工环境保护验收技术规范—生态影响类》要求，该类项目在正常运行情况下即可开展验收调查工作。

2. (1) 本项目验收调查范围包括环评时的影响评价范围，即“含油田开发区域、联合站及周边和输油管线中心线两侧 300m”。此外，还需包括管线 1km 外的胡杨林省级自然保护区。

(2) 理由：根据《建设项目竣工环境保护验收技术规范—生态影响类》规定，验收调查范围原则上与环评文件的评价范围一致；当工程发生变更或环境影响评价文件未能全面反映出项目建设的实际生态影响和其他影响时，根据工程变更和工程实际影响情况，可对调查范围进行适当调整。

3. (1) A 型和 B 型燃气炉至少分别选择一台锅炉出口设监测点位；4t/h 燃煤锅炉在其环保设施进、出口分别设监测点位。进行无组织排放监测，包括上风向背景点，下风向布设 4 个监测点（必须包括最大地面浓度点）。

(2) 理由：A、B 炉使用的是清洁能源，一般不需加装环保设施，只需在其出口进行监测即可；燃煤锅炉一般需要配备环保设施，为检查环保设施的运行效率，应在其进、出口分别设点监测；由于联合站存在无组织排放非甲烷总烃现象，需按无组织排放监测要求进行布点监测。

4. (1) 不能确定。

(2) 理由：尽管联合站燃煤量没有增加，但煤种有变化，SO_2 的排放量存在一定的变数。

5. (1) 调查所依托的联合站原有环保设施的运行及污染排放是否符合环保要求，对存在的环境问题是否进行了有效整改。

（2）本项目验收时周边有新批准的省级胡杨林保护区，应开展项目对胡杨林自然保护区生态影响的调查，明确保护区划界与项目的位置关系，调查项目建设对胡杨林保护区结构、功能和胡杨林及其生态环境的影响，包括进行必要的土壤、地表径流及地下水水力联系的影响等更深层次的调查。

（3）利用卫星遥感、地理信息系统等技术手段进行生态影响分析。

（4）根据调查结果，明确为保护胡杨林，建设单位应予进一步采取的环境保护工程措施与管理措施，包括针对胡杨林保护区的风险应急预案与防范措施。

押题模拟试卷（五）

第一题

1. 主要有电解废气，污染物有氟化物、粉尘、沥青烟及 SO_2 等，另外就是锅炉废气，其污染物主要以烟尘和 SO_2 为主。

2. （1）大气环境影响分析。①主要为交通运输产生的道路扬尘、汽车尾气和挖掘机、推土机外排废气。根据工程类比分析，施工期主要污染源是施工前期运输产生的道路扬尘和汽车尾气。②为了控制施工期的粉尘污染，应加强施工现场的合理布置，科学管理，对建筑材料分类堆放，严格将施工现场粉尘控制在最小范围。

   （2）声环境影响分析。①工程施工产生的噪声及噪声源：固定、连续的钻孔和施工机械设备噪声（主要来源于土石方开挖、场地平整、砂石料加工及混凝土拌和等施工活动，具有声级大、声源强、持续性影响等特点）和流动的交通噪声（主要来源于汽车发动机，具有声源面广、流动性强等特点）。②对施工噪声应采取有效的防治措施，做到预防为主，文明施工，在施工中采用低噪声设备，减少噪声污染，在夜间 22 时至凌晨 6 时需连续作业施工时，必须报当地环保部门批准。

   （3）水环境影响分析。①施工过程中污水：雨水冲刷开挖土方，这部分污水 pH 值较高、SS 量大；砂石料加工冲洗，施工机械和进出车辆的冲洗，污水中 SS 量大，主要污染物为悬浮质泥沙。②建议工程在施工现场修建简易排水沟，污水经设置沟道按水质进行收集，将各类冲洗水经过格栅、沉淀后回用，可防止建筑垃圾、泥沙等带人外排水中及污水漫溢。另将生活污水通过化粪池处理后外排。

   （4）固体废物影响分析。①该工程施工中固体废物主要为施工弃渣和施工人员日常生活垃圾。施工弃渣主要来自基础开挖及土建工程伴随产生的一些固体废物（碎砖、水泥砂浆等）。各施工期在石方开挖建设期间，开挖界面、物料的运输等将产生少量散落现象，遇到雨季或暴雨，将冲刷施工现场的浮土和弃渣，形成新增水土流失量。施工人员日常生活垃圾主要是煤炭、食堂瓜果皮、菜渣、剩饭、金属、塑料、废纸等，这些生活垃圾如随意堆置，不仅影响施工区环境卫生，还将为传播疾病的鼠类、蚊、蝇提供滋生条件，进而导致疾病流行，影响施工人员身体健康。②应做好施工现场垃圾处置及固体废物的管理，尽量避免对人群健康可能产生的不利影响。

3. （1）选用质量好的风机，提高集气效率，合理投放氟化铝，提高氟化物净化率。

   （2）加强环保管理，加强教育培训，杜绝非正常事故发生。

(3) 加强设备的管理与维护，确保环保设施正常运行。

(4) 加强植树造林，减轻大气氟危害。

4. (1) 选用低噪声设备。

(2) 合理布局，减少高噪声设备对外界的影响。

(3) 采取减噪隔音、吸音设施。

(4) 建立防护隔声带，提高厂区周围绿化面积。

5. (1) 废气：①加强物料管理，合理装卸，规范操作；②加强车辆管理，运输建筑材料和施工渣土的车辆应加盖防护罩，限制车速，出场车辆要冲洗，不得带渣出场；③加强道路管理，主要道路应经常洒水、清扫，减少道路扬尘污染；④实行封闭施工，施工现场周围按规定修筑防护墙、防护网；⑤施工现场禁止焚烧垃圾。

(2) 施工废水：①应设计简易沉淀池进行初步沉降处理后再向外排放；②生活洗涤污水应集中与厕所粪便水一起经化粪池发酵后用于农田施肥，不得直接排入附近水体。

(3) 施工噪声：①尽量选用低噪声的施工设备及施工工艺；②施工运输车辆尽量减少鸣笛；③合理安排施工机械作业时间，夜间禁止使用高噪声施工机械；④对在强噪声环境中作业的人员应配备噪声防护用具，并按规定时限作业。

(4) 施工期施工人员的生活垃圾和建筑垃圾：①集中堆放，由工程车辆集中运至城市垃圾处理场处理；②施工结束，对裸露地面及时覆土绿化或者发展种植业，以避免因工程施工开挖造成的水土流失。

第二题

1. (1) 电镀废水的主要来源：前处理废水、镀层漂洗废水、后处理废水、废弃镀液以及废退镀液等5类。废水中的主要成分为各种重金属离子、硝酸盐、亚硝酸盐、磷酸盐、氟化物、络合物、表面活性剂、氰化物、矿物油、有机溶剂、树脂等，成分相当复杂。

(2) 大气污染物工艺废气主要来源：酸/碱雾、氰化物镀槽挥发气、各种有机废气等。另外，磨光和抛光工序会产生一定量的粉尘。

(3) 固体废物来源：表面处理废物（含电镀废水处理产生的污泥）、含重金属废物、废酸碱、有机溶剂等。此外，还有污水处理产生的重金属污泥以及化工原材料的废弃包装材料等，如果处置不当，很容易造成二次污染。

(4) 噪声的主要来源：主要是金属件冲压、加工、抛光、磨砂时的噪声。

2. (1) 项目采用的设备及工艺是否先进，主要是定性分析，可参考相关的政策法规。

(2) 资源能源利用指标，主要是定量指标，包括各镀种金属的利用率、新鲜水用量和水的重复利用率等。

(3) 产品指标，主要是定性指标，包括产品合格率是否有考核等。

(4) 污染物产生指标，主要是定量指标，包括各车间废水中镀种金属的浓度。

(5) 废物回收利用指标，主要是定性指标，如废水中重金属、酸类物质是否回收利用等。

(6) 环境管理要求，主要是定性指标，包括建设项目“三同时”执行情况，废水是否处理，有害气体是否有良好的净化装置，是否有定期监测制度等。

3. 本项目的环境保护验收主要是水环境，在项目的总排口布点监测常规的水质指标，在车间或车间处理设施的排放口进行布点监测总镉、总铬、总镍、总银等项目。

4. 若项目所在地有地方污水排放标准或者行业污水排放标准，应执行地方污染排放标准或者行业污水排放标准。若没有地方和行业污水排放标准，则该项目污水排放应执行《污水综合排放标准》（GB 8978—1996）中的三级标准。

5. （1）该项目的污水不能排入其附近的河流。

（2）项目污水若排入附近的海域，设置排污口时要经论证后报环境保护行政主管部门审查，环境保护行政主管部门在批准设置入海排污口之前，必须征求海洋、海事、渔业行政主管部门和军队环境保护部门的意见。

第三题

1. 该项目环境影响评价的重点是施工期影响和运营期振动对地面环境敏感建筑的影响。另外，原农药厂环境遗留问题也是环评应重点关注的问题。

2. （1）振动环境影响评价量是 VL_{z10}。

（2）居民区与线路距离 45m，不必采取措施。学校位于线路正上方，地铁振动影响大，需采用弹簧浮置板道床。

3. （1）盾构法暗挖隧道环境影响最小。

（2）施工期除了须采取噪声、扬尘治理措施外，还要注意对施工人员采取防护措施。

4. 场地土壤受到轻微污染，不等于需要修复。根据风险评价结论，场地土壤中农药修复标准值远高于土壤环境质量二级标准，表层土壤中农药含量略超过土壤环境质量标准，深层没有发现超标，因此不必治理。

5. 主要考虑风亭噪声的影响，包括风机噪声和冷却塔噪声。另外，距离风亭 15m 范围内不能有其他建筑，因此，风亭 15m 范围内的建筑必须拆除。

第四题

1. （1）大气：该项目在实验过程中使用有机溶剂，在实验过程中，有机废气会通过排气筒排入大气。

（2）水：排水主要来自实验室废水（试验器皿冲洗废水等）。

（3）危险废物：该项目固体废物为医疗垃圾，主要是废弃的实验器皿、废弃化学试剂等。

（4）噪声：采用机械排风方式，有机气体通过排气筒排入大气，风机放在屋顶，风机噪声对环境产生影响。

（5）环境风险：使用的化学试剂有些属于危险化学品，存在潜在的环境风险。

2. 用外推法计算 $Q=Qc\ (h/hc)^2=10\times\ (10\div15)^2\approx4.4$（kg/h）（式中，$Q$ 为某排气筒的最高允许排放速率；Qc 为表列排气筒最低高度对应的最高允许排放速率；h 为某排气筒的高度，hc 为表列排气筒的最低高度），可得出 10m 高排气筒非甲烷总烃排放速率标准为 4.4kg/h，由于排气筒低于 15m，故应再严格 50%，为 2.2 kg/h。6 个排气筒一字排开，高 10m，相距 6m，其中 3 个相邻的排气筒为等效排气筒，3 个相邻的排气筒排放速率共 $4\,000\times100\times10^{-6}\times3=1.2$（kg/h），非甲烷总烃排放浓度和排放速率均达标。

3. （1）该项目固体废物为医疗垃圾，主要是废弃的实验器皿、废弃化学试剂等。

（2）对该项目的固体废物处置应提出以下要求：

①医疗卫生机构对医疗废物必须进行分类收集，医疗卫生机构应制定严格的分类、收集管理制度并责任到人；

②严禁使用没有医疗废物标识的包装容器，严禁将医疗废物与生活垃圾混放，没有密封包装的医疗废物不得运送到医疗废物贮存设施处；

③严禁在贮存设施以外堆放医疗废物；

④医疗废物必须送有资质的单位处置，并须签订处置协议。

4.《医疗机构水污染物排放标准》(GB 18466—2005) 中定义医疗机构污水为“医疗机构门诊、病房、手术室、各类检验室、病理解剖室、放射室、洗衣房、太平间等处排出的诊疗、生活及粪便污水。当医疗机构其他污水与上述污水混合排出时一律视为医疗机构污水”。本项目为医院实验室，属于上述各类检验室的范畴，因此本项目排放废水应执行《医疗机构水污染物排放标准》(GB 18466—2005)。

第五题

1. 两个场址对比分析见下表。

两个拟选场址对比分析

条件	场址一	场址二
地理位置	位于低山丘陵山坡及沟谷区	位于某村庄北面山谷
自然生态环境影响	主要植被为人工种植的果园、水稻、蔬菜等，离最近水厂取水点上游 25km 处	地表植被为马尾松—芒萁群落和人工种植林，最近水厂取水点上游 20km 处
地形条件	地形有利，能尽量减少工程量，有足够覆土来源	地形有利，能尽量减少工程量，有足够覆土来源
地质水文条件	场地北部有沟谷，南部汇水沿南侧坡地汇入南部沟谷向南流出	场地周围地势南高北低，北侧有一水塘
水电设施条件	200m 外有一高压高架输电线	1km 外有变电站
交通状况	交通方便，需建进场公路 1 000m	交通方便，需建进场公路 800m
周围敏感点情况	1.8km 外有村庄，5km 处有一森林公园	1.5km 外有村庄，1km 外有森林公园
垃圾运输沿线影响	垃圾运输沿途经过 3 个村庄，人口居住稀疏	垃圾运输沿途经过 2 个村庄，人口居住比较密集

与场址二相比，场址一优点：破坏人工种植的果园、蔬菜，对生态破坏相对较小；离最近水厂取水点相对较远，对水环境影响相对小；电力设施距离比较近，距离村庄和森林公园等敏感点比较远，对周围敏感点噪声和景观等影响小。缺点：其建进场公路要长 200m；村庄数目多，人口居住比较稀疏。综合上述两个场址的优缺点，选择场址一对周围环境的影响相对较小，更适合建设固体废物安全处置中心。

2. 该项目环境影响评价的重点是垃圾处理工艺的可行性、垃圾场选址的合理性以及垃圾填埋场运行期间垃圾渗滤液对地表水和地下水环境的影响。

3. (1) 地理位置：建设项目所处的经纬度，行政区位置和交通位置，并附地理位置图。

(2) 地质环境：根据现有资料详细叙述该地区的地质构造、断裂、坍塌、地面沉陷等不良地质构造，若没有现成的地质资料，应根据评价要求作一定的现场调查。

(3) 地形地貌：建设项目所在地区海拔高度、地形特征、相对高差的起伏状况，周围的地貌类型。

(4) 地表水环境：地表水水系分布、水文特征，地表水资源分布及利用情况，主要取水口分布，地表水水质现状及污染来源等。

(5) 地下水环境。

(6) 气象与气候。根据现有大气环境资料，简单说明项目周围地区大气环境中主要的污染物、污染来源、大气环境容量等。

(7) 土壤与水土流失：土壤类型及其分布、成土母质、土壤层厚度等。

(8) 生态调查：植被情况（如类型、主要组成、覆盖度和生长情况等），有无国家重点保护的或稀有的野生动物、植物。

(9) 声环境：确定声环境现状调查的范围、监测布点与现有污染源调查工作。

(10) 社会经济：包括社会经济、人口、工业与能源、农业与土地利用、交通运输等。

(11) 人文遗迹、自然遗迹与珍贵景观：主要是与项目临近的森林公园情况，并调查选址区是否有其他需要重点保护的景观。

4. (1) 地表水环境影响主要评价因子：pH、COD、BOD、SS、石油类、氨氮、总磷、挥发酚、总汞、总氰化物，还有其他重金属如Cu、Cd、Zn、As等。

(2) 地下水环境影响主要评价因子：pH、总汞、总氰化物、Cr、Cu、Zn、Cd、As。

5. 固体废物安全处置中心还缺少污水处理设施。

6. (1) 项目环境影响预测内容：①水环境：包括地表水和地下水，主要预测填埋场垃圾渗滤液、预处理车间产生的废水以及生活区污水对水环境的影响，分析垃圾渗滤液的环境影响时，还应考虑非正常情况下如防渗层破裂对地下水污染的分析；②大气环境：施工扬尘、填埋机械和运输车辆尾气、填埋场废气对填埋场周围环境和沿线环境空气的影响；③噪声：施工机械、作业机械和运输车辆噪声对周围环境的影响；④水土流失：项目选址区位于低山丘陵区，建设期对植被破坏会造成一定程度的水土流失，一定要采取防护措施；⑤生态环境和景观影响：建设填埋场会在一定程度上破坏植被，占用土地引起水土流失，弃土堆放等给选址区及其周围生态环境和景观产生一定的影响。

(2) 项目环境影响预测时段：建设期、运行期和服务期满后（封场后）3个时段。

第六题

1. (1) 环境影响：①运营期的噪声影响；②运营期的汽车尾气影响；③施工期的扬尘、水土流失影响；④水环境影响（项目部分路段经过水源地，施工过程以及运营期风险情况下会对饮用水源水质造成影响）；⑤生态环境影响（工程建设造成的植被破坏等）；⑥景观影响。

(2) 评价重点：运营期机动车辆对沿线主要环境敏感点的大气环境、声环境以及对饮用水源水库的环境风险。

2. 项目的水土流失预测时段为施工期，结合公路设计、实地调查以及当地水文资料，采用通用土壤流失方程（USLE）确定不同施工阶段土壤侵蚀模数和受侵蚀面积，计算得到水土流失量。或者根据当地的实际水土流失观测资料对不同坡度和路段的水土流失进行预测。

3. (1) 对农业（耕地、果园）的影响。

(2) 对沿线植被、动物影响。

(3) 水土流失的影响。

(4) 搬迁、占地等是否影响当地生态系统稳定性和完整性。

(5) 调查确定沿线是否有风景区或者文物保护区等敏感区域以及是否造成影响。

4. (1) 项目主要环境风险：①施工过程中环保措施没有落实导致施工场地周围生态环境、水环境严重恶化；②危险品运输风险，如公路投入运营后，存在由于交通事故、储罐老化破裂、桥梁坍塌等导致车运危险品泄漏入河流或水库从而影响水质的风险；③隧道施工期爆破作业的环境风险。

(2) 环境风险评价是依据技术导则规定的风险评价原则，进行风险值计算，风险可接受分析采用最大可信灾害事故风险值 R 与同行业可接受风险水平 R_L 比较：① $R \leqslant R_L$ 则认为本项目的建设风险水平是可以接受的；② $R > R_L$ 则对该项目需要采取降低事故风险的措施，以达到可接受水平，否则项目的建设是不可接受的。

5. (1) 主要环境要素的评价等级根据国家环保局《环境影响评价技术导则》中的分级依据确定。

(2) 大气、地表水、噪声的评价等级均分三级：①大气环境影响评价等级根据主要污染物排放量、周围地形的复杂程度以及当地应执行的环境质量标准等因素进行划分；②地表水环境影响评价根据污水排放量、污水水质的复杂程度、各种受纳污水的地面水域的规模以及对它的水质要求进行划分。③噪声环境影响评价的等级根据按投资额划分的建设项目规模、噪声源种类及数量、项目建设前后噪声级的变化程度、建设项目噪声有影响范围内的环境保护目标、环境噪声标准和人口分布进行划分。

6. (1) 该公路竣工通车前环保验收的主要内容：①建设前期环境保护审查、审批手续完备，技术资料与环境保护档案资料齐全；②水土保持措施、敏感区的道路两侧噪声防护措施及其他环境保护措施已按要求建成或者落实，安装符合标准，经负荷试车检测合格，其防治污染能力适应主体工程的需要；③建成水库段的地表径流截排措施、水库段危险车辆禁行标识；④具备环境保护设施正常运转的条件，如经培训合格的操作人员、健全的岗位操作规程及相应的规章制度，原料、动力供应落实，符合交付使用的其他要求；⑤污染物排放符合环境影响报告书（表）或者环境影响登记表和设计文件中提出的标准及核定的污染物排放总量控制指标的要求；⑥各项生态保护措施按环境影响报告书（表）规定的要求落实，建设项目建设过程中受到破坏并可恢复的环境已按规定采取了恢复措施；⑦环境监测项目、点位、机构设置及人员配备，符合环境影响报告书（表）和有关规定的要求；⑧环境影响报告书（表）提出需对环境保护敏感点进行环境影响验证，对清洁生产进行指标考核，对施工期环境保护措施落实情况进行工程环境监理的，已按规定要求完成；⑨环境影响报告书（表）要求建设单位采取措施削减其他设施污染物排放，或要求建设项目所在地地方政府或者有关部门采取“区域削减”措施满足污染物排放总量控制要求的，其相应措施得到落实。

(2) 应提交的验收材料：①对编制环境影响报告书的建设项目，为建设项目竣工环境保护验收申请报告，并附环境保护验收监测报告或调查报告；②对编制环境影响报告表的建设项目，为建设项目竣工环境保护验收申请表，并附环境保护验收监测表或调查表；③对填报环境影响登记表的建设项目，为建设项目竣工环境保护验收登记卡。

第七题

1. 该项目的海上环境影响评价重点可从建设阶段、生产阶段和事故风险阶段进行分析。

(1) 建设阶段：①人工岛建设与海底管道铺设等搅起的海底泥沙对项目附近海水水质、底质、底栖生物、渔业资源及海洋生态环境的影响；②钻井泥浆与钻屑排放对开发工程设施周围海水水质、底质、底栖生物、渔业资源及海洋生态的影响；③建设阶段环保措施与生态保护措施分析。

(2) 生产阶段：①钻井、油气输送等过程的清洁生产和节能减排措施的分析；②人工岛、陆上终端等正常生产过程中环保措施分析；③人工岛、连岛路及路堤建成运营对水温动力、海洋潮流形态和冲淤环境的影响。

(3) 事故风险阶段。码头、管道溢油事故风险分析及防治对策。

2. 该项目海洋环境保护目标包括环境质量保护目标和环境敏感目标。

(1) 工程正常作业下的环境质量保护目标为工程周围海水水质，海洋沉积物质量、海洋生物质量和海洋生态环境，应确保各类要素的环境质量满足《海水水质标准》(GB 3097—1997)、《海洋沉积物质量》(GB 18668—2002)、《海洋生物质量》(GB 18421—2001) 等标准规范的相应要求；同时，本项目正常作业下的环境保护目标还包括项目西南侧的深槽、沙坝岛屿潮滩的稳定性和工程周围海域的地形地貌，应确保深槽能继续充当工程附近区域工业用水的水源，应确保沙坝岛屿潮滩和工程周围海域的地形地貌不遭到破坏。

(2) 工程正常作业下环境敏感目标包括人工岛北侧 3.5km 处的浅海养殖区，海底输油管线南侧 3km 处的某海产品制造厂等。风险溢油情况下的环境敏感目标为项目周围的渔业资源、海洋生态及西北侧 10km 处的海洋水产资源保护区。

3. (1) 该项目可研设计中泥浆钻屑的排放不利于环境保护。

(2) 理由：原油开采过程中部分泥浆钻屑含有石油类等污染物，一旦直接在人工岛附近排放，将对人工岛附近海域的海水水质、海洋沉积物质量、海洋生物质量和海洋生态环境产生污染。同时人工岛附近海域平均水深 0～2m，泥浆钻屑的排放将产生间接填海效应，影响附近海域的潮流水文动力和冲淤环境。根据海洋环境保护的相关规定应该将含油泥浆和钻屑运回陆地交有资质单位进行妥善处置；非含油的泥浆可以选择合适时机和地点在人工岛附近进行排放；含油钻屑禁止就近排放，拟运回陆地筑路填埋等。

4. (1) 建设阶段非污染环境影响分析内容：①本工程永久占用海域 0.5km^2，临时占用海域面积 2.1km^2，包括人工岛和路堤的回填造地、码头的建设、海底管线的铺设等，海域面积的占用相当于失去或部分失去了同等面积的滨海湿地生态环境，将导致滨海湿地生态系统服务功能的丧失；②本工程不含油的泥浆将直接排放入海，泥浆的排放将使原有海洋沉积物环境全部或部分消失，对原有底栖生物将产生损伤和破坏。

(2) 生产阶段非污染环境影响分析内容：①人工岛及连岛路建设对浅滩局部水流形态、海域水文动力和冲淤环境的影响；②对项目附近工业用水水源深槽水流强度和流态的影响。

(3) 环境风险阶段非污染环境影响分析内容：①项目建设阶段施工船舶碰撞等产生燃

油泄漏对海洋生态环境的影响；②项目运营阶段海底输油管线泄漏对海洋生态环境的影响。

第八题

1. 项目的主要环境保护目标一般为：评价区内居民区、风景名胜区、水源地、村落、一般保护水域等。

2. 项目主要水污染源可以分为两大类：生活污水和生产废水。

（1）生活污水主要来源于生产过程中工作人员日常生活产生的污水。

（2）生产废水主要是在印刷过程中使用油墨将会产生油污废水。

3. 废气主要来源于煤炭，一是燃烧时产生大量烟尘，二是运输途中产生扬尘污染。

4.（1）水环境：厂区内污水管网实现雨污分流，食堂污水经隔油池处理后进入三级化粪池处理，全部生活污水经三级化粪池处理后排入市政污水管网。

（2）空气环境：对于煤炭燃烧产生的烟尘采用除尘净化装置处理后排入大气，同时定期清理剩余的炭灰。

（3）声环境：尽量选用低噪声设备，定期进行设备检修和日常保养，加强操作人员的技术培训，保证设备正常运转，对主要产噪设备进行隔声、减振处理。

（5）固体废物：对于生产中的纸屑回收利用，油墨桶等危险废物集中存放并定期送有资质的危险废物处理场处理，其他一般工业固体废物和生活垃圾经收集后，送垃圾填埋场填埋。

押题模拟试卷（六）

第一题

1.（1）应配套建设瓦斯抽放站，用作发电、燃料或用于生产化工产品。

（2）理由：根据“煤炭产业政策”、“国务院办公厅关于加快煤层气（煤矿瓦斯）抽采利用的若干意见”、“国家发改委煤层气开发利用“十一五”规划”，要求加强煤矿瓦斯抽采利用和减少排放，鼓励煤层气（瓦斯）民用、发电、生产化工产品。

2. 耕地，特别是基本农田；灌丛及天然牧草植被，特别是黄土高原植被；7个村庄；明长城；小河A。

3.（1）地上做到不在遗址保护范围内打井及建设其他设施。

（2）井下留设保护煤柱。

4. 回用于电厂、洗煤厂等矿区用水单位、矿区绿化、井下洒水抑尘、黄泥灌浆等。

5.（1）矸石堆场500m范围内不应有居民区。

（2）矸石堆场宜布置在远离居民区、风景名胜区等敏感区，应布置在居民区等敏感区的下风向、以地下水作为水源的取水口的下游地区。

第二题

1. 施工期生态环境影响分析与评价的内容有：工程占地情况、土地利用影响分析、农业生态影响分析、林业、水产养殖影响分析、水土流失影响分析、景观生态环境影响分析、沿线动植物影响分析、对自然保护区影响分析、社会环境影响分析。

2. 生态环境保护措施：土地利用现有格局的保护和恢复措施、生物多样性的保护措施、植被保护及恢复措施、农业生态的保护措施、水土保持措施、生态景观环境影响减缓措施、道路交通影响防治措施。

3. 该项目的环境风险主要表现在：原油管道泄漏事故和储罐区的风险。

4. (1) 首站 6 座 10 万 m^3 外浮顶油罐非甲烷总烃排放量为 6×140＝840 (t/a)。

(2) 一个分输站 8 座 10 万 m^3 外浮顶油罐非甲烷总烃排放量为 8×140＝1 120 (t/a)。

5. (1) 首站油罐产生污泥的量的平均值为 6×12÷6＝12 (t/a)。

(2) 一个分输站油罐产生污泥的量的平均值为 8×12÷6＝16 (t/a)。

(3) 总体油罐清洗产生的污泥量为 28t/a，这些污泥属于危险废物，应交由具有危险废物处理资质的单位进行处理，并应附有双方签订的处理协议。

6. (1) 正面影响：①减少油品装卸过程中的损耗和烃类气体的挥发量，减少大气环境影响；②节省因交通运输的污染及风险带来的投资；③事故风险较低；④降低因环境空气污染引起的疾病，减少人员及群众治疗疾病的费用。

(2) 负面影响：①施工期对陆地生态的影响（土地利用状况变化、农业生态一次性损失和依复性损失、林业损失、种植业损失、养殖业损失）；②运营期陆地生态资源损失；③加热炉和锅炉烟气对大气环境的影响；④溢油对生态资源的影响。

第三题

1. (1) 敞开式调节池容易使恶臭气体挥发，影响场外环境空气质量。

(2) 填埋场产生的生活污水直接排入附近一小河，不符合环保要求，应经处理后回用或达标排放。

(3) 渗滤液未经处理，直接由密闭罐车送入城市二级污水处理厂，不符合规范要求，应在填埋场设置渗滤液处理系统，处理达标后回用、排放，或满足条件后再经污水处理厂处理。

2. 硫化氢、甲硫醇、氨、三甲胺、酸性气体（如 SO_2、HCl、HF 等）、臭气浓度等。

3. 垃圾卸料、分选、焚烧，渗滤液收集池及处理系统，甚至事故池等均可产生恶臭。

4. (1) 尽可缩短垃圾在储存池的时间，尽快进入焚烧或填埋系统。

(2) 垃圾储存池采用封闭式，恶臭气体集中收集，采取活性炭吸附、液体吸收或焚烧等处理方式。

(3) 输送系统采用封闭式输送。

(4) 输送系统的恶臭集中收集吸附或返回焚烧炉处理。

(5) 加强生产车间的通风。

5. 垃圾焚烧产生的炉渣、焚烧飞灰固化均送现有的垃圾填埋场的处理方式并不可行。

(1) 焚烧炉渣需根据情况分类处理。生活垃圾焚烧炉渣可以直接进入垃圾填埋场；其他危险废物焚烧后的炉渣须经处理，并经检验满足含水率、二噁英及浸出液毒性指标要求后，方可进入生活垃圾填埋场。

(2) 焚烧飞灰属危险废物，须经处理（包括固化），并经检验满足含水率、二噁英及浸出液毒性指标要求后，方可进入生活垃圾填埋场。

第四题

1. (1) 水环境影响：项目建设期施工废水、运行期生活污水（包括餐饮废水和环卫设施排水)、面源污染等。

(2) 大气环境：施工期扬尘、运行期进出本区域的汽车车流量的增加引起的汽车尾气的影响以及餐饮油烟。

(3) 噪声：主要是施工期噪声，运营期无大的声污染源，主要是进出本区域的汽车车流量的增加引起的交通噪声的影响及游客在区内活动产生的商业噪声。

(4) 水土流失：施工过程中植被破坏会产生一定程度的水土流失。

(5) 固体废物：施工过程中产生的建筑垃圾、旧村改造中的旧建筑拆除等，运行期生活、办公垃圾以及餐饮垃圾等。

(6) 生态环境影响：施工期植被破坏，施工活动改变现有地貌会对选址区原有的生态系统产生一定的影响；运行期废水及海滩人类活动、废水排放等会对鲍鱼厂和海域水生生态（如浮游植物、浮游动物、底栖生物和其他）产生一定的影响。

另外，本项目的建设开发会改变选址区原有的景观，对选址区景观产生一定影响。

2. (1) 总体布局的合理性分析：污水处理设施、垃圾收集站等容易对环境及游客产生影响的部分，在收集方便的基础上应安排在不影响景区景观及不会对游客产生影响的地方。

(2) 各功能区的相容性分析：本项目在考虑开展国际会议的同时安排了体育活动、田园风光、临海观景等休闲活动，并配有商业服务。使得前来开会或者度假的人员能够尽情感受其中的美景及当地的田园特色。

(3) 建设项目的景观应当与附近风景名胜区的景观协调。

(4) 规划与当地区域发展规划的协调性分析。

本项目建设用地布局、功能分区和各建设内容的总体部署，综合交通体系和河湖、绿地系统，应与选址区所在地的总体规划一致。

3. 生态环境影响评价的范围包括陆上和近海，陆上范围主要是项目选址区外延300～500m，近海评价范围为项目选址区海湖岸带外延3～5km。

4. (1) 污水事故排放。

(2) 滑坡、泥石流灾害事故。

(3) 海啸风暴潮灾害风险。

第五题

1. (1) 本项目主要环境影响根据项目特点分为施工期和运营期。①施工期的环境影响：施工时挖沟、堆放材料等，临时占用耕地，破坏植被和庄稼，施工结束后临时占地能恢复耕种，但管线位置禁止种植深根性植物（如树木、果树等）；沿线站场用地永久改变土地使用性质；施工产生施工噪声、扬尘等污染；破坏农业灌溉系统，影响农业生产；可能因管道泄漏，污染环境，引发燃烧甚至爆炸。②运营期的环境影响：各工艺站场排放的生活垃圾和生活废水影响周围环境卫生和地表水环境；清管作业产生的固体废物、废水等污染；管道运行超压放空气产生噪声污染；管道运输可能存在的自然灾害及人为破坏等潜在事故隐患。

(2) 本项目排放的污染物：①施工期产生的建筑垃圾、生产废水、施工噪声，以及物料运送产生扬尘；②运营期产生的废物，如工艺站场产生的生活垃圾和生活废水，系统超压检修时排放的固体废物，空气压缩系统更换的废油，以及工艺站场产生的机械噪声和偶发噪声。

2.（1）施工期：施工期毁坏庄稼、破坏植被和树木等生态环境，按照一次性损失、恢复期损失和永久性损失情况，分别补偿和保护。

（2）运营期：①废气防治措施。沿途站场使用天然气做生活燃料，减少污染物排放；对于清管作业及站场异常排放的天然气，通过 15m 高的放空管排放，天然气超压大量排放，经火炬燃烧后排放。②废水防治措施。天然气净化厂的生活污水和生产废水送污水处理厂处理。各工艺站场生活污水经化粪池处理后，与生产废水一起，经地埋式一体化污水处理装置处理达标后，作为站场绿化用水，不外排。管道公司及各输气管理处生活污水依托当地市政污水处理系统处理。③固体废物防治措施。清管作业产生的少量固体废物，选择合适的地方定期填埋，生活垃圾由环卫部门清运。④噪声防治措施。站场选址远离居民区；设备选型尽可能选择低噪声设备，放空口安装消声器；在压缩机的进气口、排气口设置消声装置，机组设置机罩；对站场周围及厂区内工艺装置周围，道路两旁，通过栽种树木等方式绿化。

3.（1）对景观及生态环境的影响。管道在地下密闭输送，运营后原有人工及自然植被逐渐恢复，故影响较小。

（2）对地表水环境的影响。输气管线在运行期为全密闭系统，正常运行条件下不会对河流水体造成影响，要预防和及时处理泄漏时对地表水的影响。沿线各中间站场废水主要是站内工作人员产生的生活废水，经地埋式一体化污水处理装置处理达标后，作为站场绿化用水，不外排。

（3）对大气环境的影响。运营期各工艺站场产生的废气主要为燃气轮机产生的燃烧废气，以及清管作业和分离器检修时排放的少量天然气，对环境影响较小。

（4）对声环境的影响。噪声源主要为压缩机组、空冷器、天然气放空系统、汇气管、截流阀等，如果采取有效防治措施，对周围环境影响较小。

（5）对固体废物的影响。固体废物包括站场工作人员产生的生活垃圾，清管作业以及分离器检修产生的少量固体粉末，在妥善堆存及处置情况下，对沿线环境影响较小。

（6）对地下水环境的影响。输气管道采用密闭输送工艺，正常工况下输运无泄漏污染，故对地下水环境不产生影响。运营期沿线各中间站场废水排放量较少，站内固体废物外运处置，因此正常工况下站内废水排放对地下水环境影响相对较小。

（7）对土壤环境的影响。各工艺站场在正常工况下站内生产废水、生活废水，经站内管网收集处理达标后用于站内绿化，对周围土壤环境影响较小；站内固体废物的暂存地在采取防渗、防水、防雨等措施后，对土壤环境影响较小。

第六题

1. 该项目的主要环境影响包括建设期、运营期和封场后三个阶段，各自的影响如下：①建设期主要的环境影响包括：土石方开挖对植被的破坏以及由此而引起的水土流失；②运营期：垃圾焚烧产生废气、填埋场废气对大气环境的影响以及新鲜垃圾暂存池的渗滤液及炉渣填埋场渗滤液对水环境的影响；③封场后：炉渣填埋场渗滤液对水环境的影响。

2.（1）大气的环境影响预测模式：①正常情况下：对于气态污染物比如 SO_2、NO_x、HCl 等采用点源高斯模式，对于颗粒物（TSP）采用倾斜烟羽模式；②非正常情况下：采用非正常排放模式。

（2）大气预测内容：①小时平均和日平均的最大地面浓度和位置；②不利气候条件下，评价区域内的浓度分布图及出现的频率；③评价区域季（期）、年长期平均浓度分布图；④可能发生的非正常排放条件下相应于①～③各项的浓度分布图。

3.（1）建设期：施工活动产生的 TSP。

（2）运营期：垃圾燃烧产生的 SO_2、NO_x、HCl、HF、烟尘、二噁英；炉渣填埋产生的 TSP。

（3）垃圾堆放和炉渣填埋产生的恶臭气体：氨、H_2S 等。

4.（1）焚烧炉废气：监测断面布设于废气处理设施各处理单元的进出口烟道、废气排放烟道。

（2）填埋场废气：监控点在单位周界外 10m 范围内浓度最高点，参照点设在排放源上风向 2～50m 范围内，监控点最多可设 4 个，参照点只设 1 个。

5.（1）确定其选址是否符合当地的建设总体规划。

（2）调查该区的地质条件，确定是否位于地下水补给区、洪泛区、淤泥区外、活动的塌陷地带、断裂带、地下蕴矿带、石灰坑及溶岩洞，以及天然滑坡或泥石流影响区。

第七题

1.（1）本项目涉及敏感保护目标如省级自然保护区和集中式饮用水源地二级保护区，生态影响评价工作等级应为一级。

（2）理由：本项目有非局部、潜在的、长期的、重要的（直接或间接的）生态影响，要从维护生态完整性的需要和敏感生态目标的保护来确定评价范围。因此，本项目的生态评价范围应以重要评价因子（地表水、生物量等）受影响的方向为扩展距离不小于 8～30km，至少应将区块外 17km 的县城集中式饮用水源地二级保护区包括在内。

2. 省级天然林自然保护区、县城集中式饮用水源地、基本农田、草地、林地、河流水塘。

3.（1）主要是钻井作业井喷事故、集输管线破裂、站场等储油设施破损油类外泄或遇火引发的环境风险事故。

（2）石油烃外泄造成环境空气、地表水、土壤、植被的污染：①污染空气对人群及生态环境造成不利影响；②落地会造成土壤的污染，使土壤透气性下降，影响植物生长，严重时可导致植物死亡；③随地表径流进入地表水，造成水体污染，影响水生生物正常生长与繁殖，影响地表水功能；④石油烃类着火发生爆炸易酿成安全事故，对环境也有一定的污染危害；⑤在灭火过程中大量的人员、机械活动对生态的破坏，还存在灭火剂对环境的污染。

4.（1）钻井废弃泥浆、钻井岩屑、钻井废水采取在井场泥浆池中自然干化，就地处理存在环境污染问题。

（2）这三类物质虽然均产生于井场钻井过程，但分别属于不同的污染物类型，其具体来源、成分均不同，不应混合在一起处理，且现状处理方式不符合固体废物处理的“减量化、资源化、无害化”原则，而应分别进行处理。

5.（1）本输油管道施工将会对地表植被、土壤、河流等沿线区域造成明显的破坏和不利的影响。

（2）由于其距离自然保护区较近，虽然不占用保护区，但施工时对自然保护区将产生间接的不利影响：①临时用地的变更可能选择在距离保护区更近的区域；②施工活动对林内野生动物的干扰；③使保护区外围地带的生态环境变差。

第八题

1. 化学需氧量、氨氮、氮氧化物和二氧化硫。

2. （1）大气环境预测：①对选址区南 0.35km 处村庄的污染情况进行预测；②对西北偏北约 16km 处的市级自然风景保护区、南偏西 18km 处的区政府的污染情况进行预测。

   （2）水环境预测：针对东南约 2.0km 处河流进行预测。

3. 废气、废水排放执行《炼焦化学工业污染物排放标准》（GB 16171—2012）新建企业标准；建成后厂界噪声执行《工业企业厂界环境噪声排放标准》（GB 12348—2008）中的 2 类标准。

4. （1）根据《钢铁产业发展政策》对冶金装备的要求：焦炉炭化室高度 6m 及以上，焦炉必须同步配套干熄焦装置并匹配收尘装置和焦炉煤气脱硫装置；焦炉必须同步配套煤气回收装置；焦化废水力争达到“零排放”。因此，该项目焦炉炭化室高度（5.5m）、废水排放都不满足《钢铁产业发展政策》的要求，其他如干熄焦、配套收尘、焦炉煤气回收和净化脱硫等都符合钢铁产业政策的要求。

   （2）根据《产业结构调整指导目录（2013 年本）》，干法熄焦、导热油换热技术应用都属于鼓励类项目。根据《焦化行业准入条件》（2008 年修订），在居民聚集区《焦化厂大气环境防护距离标准》（GB 11661—1989）范围内，不得建设焦化生产企业。新建顶装焦炉炭化室高度必须≥6.0m、容积≥38.5m^3。新建捣固焦炉炭化室高度必须≥5.5m、捣固煤饼体积≥35m^3，企业生产能力 100 万 t/a 及以上。生产污水应配套建设污水焚烧处理或蒸氨、脱粉、脱氰生化等有效处理设施，并按照设计规范配套建设生产污水事故储槽（池），生产废水严禁外排。该项目选址区南 0.35km 处有一村庄不符合选址要求，应对该村庄进行搬迁。该项目废水达标外排不满足生产废水不外排的要求。

押题模拟试卷（七）

第一题

1. （1）不符合。

   （2）理由：①车间生产电子元件＝144×10^4÷300÷8＝600（件/h）；二甲苯的排放速率 600×5×10^{-3}×（1－80%）＝0.6（kg/h）；二甲苯的排放浓度＝0.6×10^6÷9 375＝64（mg/m^3）。②排气筒周围 200m 半径范围内无其他建筑物，排放速率和排放浓度均符合要求。③周围 200m 半径范围内有其他建筑物，标准规定排气筒应高出周围 200m 半径范围内的建筑 5m 以上，现有排气筒高度不符合要求，故排放速率应按标准值的 50%即 0.5kg/h 执行，排放超标。

2. （1）进水中 COD 浓度＝（200×70＋450×6＋70×3）÷（70＋6＋1＋3）＝211.4

(mg/L)。

(2) COD去除率＝(211.4－60)÷211.4×100％＝71.6％。

3. 化学镀镍废水中总镍浓度，涂装废水中总镍、六价铬浓度，电镀废水中六价铬浓度均在车间处理设施排放口处均不达标。

4. (1) 河流水文及地质资料(流速、流量、河宽等)。

(2) 区域河流水系分布。

(3) 沿河水污染源分布调查。

(4) 河流水环境规划功能及使用功能要求。

(5) 河流水质监测现状，如拟建排污口上下游水质资料。

第二题

1. 红星造纸公司新建年生产规模为15万t化学制浆项目不属于《产业结构调整指导目录(2013年本)》中限制类和淘汰类项目，符合林纸一体化木浆、纸及纸板生产的要求，属于国家允许类项目。本项目环境影响评价报告书由A市市级以上环境保护行政主管部门审批。

2. (1) 拟建设项目工程概况。工程项目的基本情况、项目性质、工程总投资、厂区平面布置、主要原辅材料及能量消耗、主要技术经济指标、项目组成、公用工程(给水排水工程、污水处理站、消防、油库、堆场、仓库、道路工程、绿化工程等)、工程主要设备、劳动定员、工作制度、燃料指标参数、产品方案及生产规模。

(2) 工艺流程及产污环节分析。生产工艺流程简述及流程图、全厂水平衡、碱回收工艺流程、生产车间水平衡、碱回收车间蒸发及燃烧段物料平衡、苛化与石灰回收工段的物料平衡、蒸汽平衡等。

(3) 污染源源强分析与核算。污染物排放估算种类包括废水、废气、固体废物及噪声。其中废水和废气应当包括种类、成分、浓度、排放方式、拟采取的治理措施及污染物的去除率和最终排放去向。固体废物包括成分，是否属于危险废物、排放量处理或处置方法。噪声包括产生的源强和拟采取的降噪声措施。还要进行正常及非正常、事故状态下污染物排放分析等。

(4) 清洁生产水平分析。将国家公布的造纸行业清洁生产标准与拟建项目相应的指标进行比较，衡量建设项目的清洁生产水平。

(5) 总图布置方案与环境关系分析。根据气象、水文等自然条件分析红星造纸公司及各生产车间布置的合理性，结合现有的有关资料，确定该公司对环境敏感点的影响程度及饮用水水源地保护措施。

3. (1) 在造林过程中，清除原有植被、平整土地将会破坏原来的生态系统。

(2) 大面积连片种植单一树种，会导致生态单一，降低区域生态多样性，灌区及林道的改造与建设可能引起扬尘。

(3) 种植管理过程施加化肥与喷洒农药，可造成有害物面源污染及影响土壤结构，潜在有土壤物理、化学特性变化，退化或次生盐碱化等环境风险。

(4) 不恰当的采伐造成新的水土流失和生态环境破坏。

(5) 伐木及车辆噪声对动物产生影响，木材运输车辆产生的尾气、扬尘对环境产生影响。

(6) 自然生态系统向人工生态系统转变带来的影响。

(7) 外来物种入侵影响分析。

4. (1) 工程排污以有机废水为主。废水主要来自制浆、碱回收、抄浆和造纸车间，主要污染因子为 COD、BOD、SS 和 AOX (可吸收有机卤化物)。

(2) 废气污染物主要来自热电站、碱回收炉、石灰回转窑、化学品制备及制浆过程，主要污染因子为 SO_2、TRS (还原硫化物)、NO_x、烟尘以及污水处理站恶臭等无组织排放。

(3) 噪声和固体废物。

5. (1) 地表水环境影响评价等级为三级。理由：污水排放量不大 (2 230m^3/d)、污水水质复杂程度属简单 (污染物类型为 1，均为非持久性污染物，水质参数数目小于 7)，地面水域规模属中河 (流量 $63m^3/s>15m^3/s$)，地表水质要求Ⅳ类水体 (一般工业用水及一般景观要求水域)。

(2) ①监测水期：枯水期监测一期 (三级评价)。②监测项目：pH、COD、BOD_5、DO、SS。同步观测水文参数。③监测断面：排污口上游 500m 处布设监测点位，森林公园布设监测点位，大洪河入口布设监测点位，在入口处的大河上、下游各设一个监测点位，共设 5 个监测断面。④水质监测时间为 5 天，大洪河上共设 2 条取样垂线，水深大于 5m，在水面下 0.5m 深处及距河底 0.5m 处各取样一个，共 4 个水样，各取样断面中每条垂线上的水样混合成一个水样。

第三题

1. (1) 地下水，包括矿井涌水、尾矿库下游地下水、村庄地下水；堆棚渗滤液收集池及下游地下水。氰化厂、尾矿浆中含有重金属，存在对地下水污染的可能性。

(2) 噪声，包括选矿厂噪声、运输道路沿线噪声。破碎、磨矿噪声源强大，会对周边居民区产生不利影响。

(3) 地表沉陷情况，包括沉陷范围、深度等。井工开采容易导致地表沉陷，引发生态问题和社会问题，有必要进行监测。

(4) 生态影响，如废石场占地区土地利用及植被情况。工程占地及植被破坏有一定的持续性，有必要进行监测。

2. (1) 氰化矿渣属于危险废物，本工程的贮存与填埋要求不符合《危险废物贮存污染控制标准》的要求。

(2) 草袋没有防渗功能，不能装在草袋内，也不能堆放在不能防风、防盗、防晒防雨能力差的“堆棚”内，因为普通水泥地面容易产生裂缝，防渗功能差。

(3) 适时运往由环保部门批准的另一化工厂运填埋也不符合要求，要弄清该化工厂所设填埋场的类型，不能将氰化矿渣与其不相容的固体废物填埋在一起。

3. (1) 地下开采导致的地表沉陷将进一步加剧。

(2) 乙废石场占地对植被的破坏及其可能存在的水土流失与地质灾害问题。

(3) 尾矿库因扩建加剧了库区占地对生态的破坏。

(4) 尾矿库溃坝风险对生态的不利影响。

(5) 扩建时地面相关工程建设对植被的破坏。

4. (1) 甲废石场关注服役期满后的生态恢复，对地下水的污染，会不会在洪水情况下发生崩塌等问题。

（2）乙废石场需关注在废石堆放过程中对植被的破坏，水土流失影响，扬尘影响，能否保障洪水宣泄的畅通，是否会发生滑坡、泥石流等地质灾害，对周边景观造成的影响。

5.（1）拦渣工程：设置拦渣堤、挡渣墙、拦渣坝等。

（2）护坡工程：削坡开级、砌石护坡、喷浆护坡、铅丝笼防护等。

（3）土地整治：场地平整、覆土恢复植被等。

（4）防洪排水：设置防洪坝、排洪沟、排洪涵洞等。

（5）绿化措施：在废石堆放过程中对稳定边坡覆土绿化。

第四题

1.（1）公路隧道施工、大中型桥梁施工、地基处理、路基填筑、路面施工等产生的机械运行噪声。

（2）路基施工、道路施工引起的扬尘和路面施工产生的沥青烟对大气环境的影响。

（3）施工机械的含油污水，施工营地的生活污水、生活垃圾以及桥梁施工对水体的污染；雨水对堆放的建筑材料的冲刷（面源污染）导致的水体污染。

（4）路基施工使公路沿线热带雨林植被和亚洲象等重点保护野生动物的栖息地和觅食地遭到破坏；公路路基沿线部分农田、林地被占用作为施工便道，地表裸露进一步加重水土流失，工程占地将减少公路沿线的自然保护区用地、耕地、热带雨林林地等面积；施工对自然保护区、热带雨林的植被及野生动植物的生存环境将造成不利影响，导致生物量不同程度的减少。

（5）本公路项目穿越居民集中区 B 乡镇，部分离线路近的居民可能需要搬迁，由此可能会对局部社会环境造成不利影响；同时本项目全程有互通式立交桥 7 处、分离式立交桥 4 处，这对立交桥附近部分居民的出行将造成不便。

2.（1）自然环境调查：对公路沿线自然保护区、热带雨林、亚洲象栖息地等处的地形地貌、水文、土壤等的调查。

（2）生态系统调查：A 省级自然保护区及公路沿途评价范围内动、植物种，特别是热带雨林等珍贵植被类型，山白兰等重点保护的野生植物，亚洲象等重点保护野生动物的种类、数量、分布、生活习性、生境条件、繁殖和迁徙行为的规律；生态系统的整体性、特点、结构及环境服务功能；与其他生态系统的关系及生态限制因素等。

（3）区域社会经济状况调查：公路沿线土地利用现状、资源利用现状等，包括公路穿越的居民集中区 B 乡镇的社会经济状况。

（4）敏感保护目标调查：A 省级自然保护区、热带雨林等珍贵植被类型，山白兰等重点保护野生植物，亚洲象等重点保护野生动物，居民集中区，B 乡镇，公路跨越的重点河流以及隧道、涵洞穿越的重点山脉等。

（5）公路沿线区域可持续发展规划、环境规划调查：自然保护区的保护规划和发展规划等。

（6）区域生态环境历史变迁情况、主要生态环境问题及自然灾害等。

3.（1）收集现有资料。

（2）现场踏勘。

（3）遥感调查法。

（4）专家和公众咨询。

（5）生态检测法。

4. 对减少环境影响的措施分别从设计期、施工期和运营期三个时段提出：

（1）在设计期贯彻“环保选线”理念，进行路线方案优化，注意尽量避让环境敏感点，经过论证最终选择对自然保护区影响最小的方案。

（2）施工期，依据现场调查结果，提出生态监理制度。对受保护植物提出移栽保护或保护遗传因子的措施，使被保护的野生植物在施工期受到的影响减到最低限度。采取增设动物通道或增加桥隧比例的措施，以减少对动物的阻隔。

（3）运营期，在自然保护区路段设禁止鸣笛标志，个别敏感地段可增设隔声屏障，对公路路侧坡面、中央分隔带、互通立交区、服务与管理区、取弃土场等处采取绿化或植被恢复措施，控制水土流失，并强调在植被恢复时只能选用当地植物，以保证生态安全。

5. （1）线路调整（如线路局部绕行）。

（2）声源上降低（如禁止鸣笛）。

（3）传播途径上降低（如设置隔声屏障、建绿化隔离带等）。

（4）受声敏感目标自身防噪（如敏感建筑设置隔声窗，或者搬迁）。

第五题

1. （1）水环境部分。污水排放去向，如果排放到污水处理厂需调查污水处理厂的处理负荷、处理效率及管网布设等，若排向水体，需调查受纳水体水质、河流水文资料等。

（2）大气影响部分。当地污染气象资料，包括风速、风向、大气稳定度。项目周围污染源资料，当地环境空气常规监测资料；项目东侧交通干道的路宽、车流量、车型、设计车速。项目建设地的植被覆盖情况、坡度、坡长、开挖面积等。

（3）噪声影响部分。噪声敏感点分布与距离情况，建设施工各工程内容的噪声等级。项目东侧交通干道的路宽、车流量、车型、设计车速。

2. （1）运营期的污染源包括：锅炉废气、生活污水、汽车尾气、交通噪声、生活垃圾。

（2）建设期的污染源包括：施工人员生活污水、施工扬尘、施工机械噪声、建筑垃圾及施工人员生活垃圾。

3. （1）该烟囱高度设计不一定合理。

（2）理由：根据《锅炉大气污染物排放标准》（GB 13271—2014）的规定，燃煤燃油锅炉烟囱排放高度除需遵守排放速率标准值外，还应高出周围200m半径范围内的建筑3m以上。燃气锅炉烟囱高度应根据环境影响报告书（表）要求确定，最低高度为8m。不能达到该要求的排气筒，应按其高度对应的表列排放速率标准值严格50%执行。

（3）本评价应根据项目周围的环境空气功能要求和本城市的总量控制要求，利用模型计算锅炉烟囱排放污染物对本地区环境空气的贡献和影响，并提出其合理的排放高度要求。

4. （1）项目位于建成区，周边有小学、高级写字楼以及省级文物保护单位，都属于环境敏感对象，因此项目在建设过程中应该充分考虑对这些敏感点的保护，在施工过程中尽量避免施工机械在靠近敏感点处运行，施工运输车辆应尽量避免经过这些敏感点等。

（2）项目开挖面积较大，施工期的主要影响有施工扬尘、施工噪声以及施工人员的生活垃圾和建筑垃圾等。

5. 本项目运营期主要的环境影响有：生活污水、地下车库汽车尾气、锅炉废气、交通噪声、生活垃圾以及餐饮油烟等。

6. （1）运营期主要的大气环境影响有车库废气、锅炉废气以及饭店厨房的油烟等，因此，运营期大气环境影响预测指标应包括：SO_2、NO_x以及油烟。

（2）预测的内容包括：

①采暖期和非采暖期的各指标的日平均浓度；

②锅炉对周围敏感点的浓度贡献值；

③各预测指标的年平均浓度。

第六题

1. （1）去除率见下表。

污水处理厂各污染物去除率

监测项目	污水处理厂进水（mg/L）	污水处理厂出水（mg/L）	去除率%	实际排放量（t/d）
COD_{Cr}	425	53	87.5	3.90
BOD_5	271	21	92.3	1.54
NH_3-N	29.5	19	35.6	1.40

根据表 6-2，污水处理厂进水水量 7.84 万 m^3/d，出水水量 7.35m^3/d。污染物排放总量按出水口排水量计算：COD_{Cr} 总量为 3.90×365＝1 424（t/a），NH_3-N 总量为 1.40×365＝511（t/a）。

2. （1）对污水处理厂的废气无组织排放监测应安排氨、硫化氢和臭气的监测。

（2）必须根据监测时的气象情况，在上风向设定一个参照监测点，故应设在矩形厂界的东南角厂界外 10m 范围内。

3. 对固体废物实行减量化、资源化、无害化。

4. （1）污水处理厂的生产负荷按进水口处理量计算，见下表。

污水处理厂生产负荷

监测时间	设计处理量（万 t/d）	实际进水口处理量（万 t/d）	生产负荷（%）
第 1 天	8	7.82	97.8
第 2 天	8	7.86	98.3

（2）验收监测应在工况稳定、生产负荷达到设计能力 75%以上时进行，该项目在验收监测时的工况和生产负荷是符合要求的。

5. （1）采用氧化沟法。

（2）SBR 法等。

第七题

1. （1）应给出此二级植物的名称（含拉丁名）、分布格局、生态环境条件（海拔高度、土壤）。

（2）调查样方设置，包括样方设置点土壤、坡度、朝向等自然环境特征，样方的地理坐标、样方数量等。

（3）调查植物盖度、频率、植株高度、在群落中的成层与排序情况、覆盖率、密度、单位面积生物量、优势度等指标。

（4）给出植物分布及覆盖度图、生物量图。

2. 根据水土流失原因分析及流失量计算的需要，应给出地形、坡度、坡长、降雨、风力、植被覆盖率、土壤、既有水保设施等基本情况，通过调查与计算给出土壤侵蚀类型、原因（风力、水力、重力等）、侵蚀模数、侵蚀强度、土壤流失量、工程可能损失的水保设施量。

3. 选线方案分析应主要针对占地、植被损失、施工期水土流失、地表水、声环境、环境空气等方面影响的比较，对经过敏感区域时，还需从规划相容性、土地利用、噪声影响、投资等方面进行比选，并提出绕避敏感区域的替代方案，尽可能量化比选。

4. 选择具有代表性的学校进行监测，其中靠近公路最近的、教室窗户面向拟建公路的学校必须进行监测。

（1）应在学校教室四周距离教室大于 1m 处设置至少 4 个监测点，根据教室布局及走向，可在教室窗前增加监测点。

（2）若教室周边有其他噪声源，需噪声源边界外 1m 处对其排放噪声进行监测。

（3）监测高度为 1.2m。

（4）测点距离任一反射面距离不小于 1m。

5. 运输危险品车辆在跨河桥梁处（X、Y、Z 3 河）发生事故，化学品泄漏造成水环境污染的风险。特别是 X 河为饮用水源，在跨越 X 河及伴行 X 河段风险影响更明显，须采取工程措施和风险管理措施，包括风险应急预案。

第八题

1. 桥下部结构物施工对长江江段水环境及野生保护动植物和保护鱼类的影响评价。

2. 交通噪声干扰人们的正常生活和休息，严重时甚至影响人们的身体健康。噪声可使学习工作效率降低、产品质量下降，在特定条件下甚至成为社会不稳定的因素之一。另外，交通噪声还会影响到公路沿线的经济发展。如交通噪声影响严重时，房地产、工厂等的经济效益和生产效益都有不同程度的下降。噪声还会直接影响到公路周围的土地价值。

3. 根据本工程和工程设计的车流量、车速等条件，选用交通部《公路建设项目环境影响评价规范》中道路交通预测模式进行预测。地面任何一点的环境噪声是线声源传至该点时的噪声能量与该点背景噪声能量叠加。

4. 对本大桥的桥型、塔高、色彩等与周围景观敏感点，特别是与迎江寺内的振风塔的景观协调行进行分析评价。

押题模拟试卷（八）

第一题

1. 主要固体废物包括生活垃圾和生产废料以及少量危险废物。

(1) 生活垃圾。生活垃圾是公路施工人员在施工期间产生的，产生生活垃圾的位置主要分布在公路两侧的施工营地附近，这些生活垃圾如得不到妥善处理，必然会给沿线水环境及景观产生不良影响。除此之外，运营期间产生的生活垃圾重点发生在服务区和收费站，主要来源于来往车辆司乘人员的生活垃圾，产生量不大。

(2) 生产固体废物。公路建设一般需要外借土石方，其中部分土石不可避免以垃圾的形式进入环境，对当地环境造成影响，它们主要产生于公路沿线路段和所用料场、拌合站、运输便道等附近。此外，固体废物还包括路面建筑材料，如沥青等，如果随意弃置，不加管理，将对公路沿线景观和公路周围的生态环境造成不利影响。

2. 由于本公路属于干线公路，建成通车后，运输的货物种类繁多，化学危险品的运输不可避免。预计本区段内运输的危险品主要是农药、石油产品、液化天然气等。过路运输的危险化学品种类难以估计，但数量较少。公路营运后，行驶车辆相对增多，公路发生风险事故的概率随之上升。如果危险品车辆在江河大桥出现翻车，事故车辆掉入河中，将造成重大生态破坏。

3. (1) 建筑施工时必须详细考虑建筑项目周围的环境状况，视实际情况而定。声环境敏感点应设置施工防护距离，昼间130m，夜间500m。施工场地应在防护距离外设置，若在防护距离内有声环境敏感点，则必须采取隔声措施，使噪声降低至《建设施工场界噪声限值》标准，方可允许施工。

(2) 合理安排施工时间：制定施工计划时，尽可能避免大量高噪声设备同时施工。同时，高噪声设备施工时间尽量安排在昼间，禁止夜间施工。

(3) 合理布局施工现场：避免在同一地点安排大量动力机械设备，以避免局部声级过高。

(4) 采取个人防护措施：施工机械操作工人及现场施工人员应按照劳动卫生标准，控制工作时间，采取个人防护措施。个人防护措施以个人防噪声用具为主，对高噪声设备附近工作的施工人员，可配备耳塞、耳机、防声头盔等防噪用具。

(5) 减少施工交通噪声：由于施工期间交通运输对环境影响较大，应尽量减少夜间运输量，限制大型载重车的车速，进入居民区时在限速，对运输车辆定期维修、养护，减少或杜绝鸣笛，合理安排运输路线。

(6) 使用较新及较宁静的技术：选用低噪声设备和工艺，可从根本降低源强，同时要加强检查、维护和保养机械设备，保持润滑，紧固各部件，减少运行震动噪声。

(7) 如果采取了相应的防护措施还会导致周边噪声超标，则可以给予受影响人群一定的经济补偿。

(8) 对学校、医院敏感点，应与该单位协商作业时间，以不能影响学校上课、病员休息为主，学校考试期间不要作业等。

4. （1）一般防治道路交通噪声可以从两个方面入手：做好规划设计工作，这包括做好路线的规划设计，尽可将线路远离噪声敏感点，这在公路设计过程中要给予考虑；采取工程措施降低交通噪声，例如加设声屏障、种植绿化林带等。

（2）解决原则：①对于近期、中期环境噪声预测结果超标的敏感点将采取防噪技术措施，对于远期超标的敏感点，由于距离时间较长，不可预期的因素较多，依据有关规定，本报告不予采取防护措施；②对本工程高架桥路段，高架桥路肩已经对道路两侧形成一定的声屏蔽的作用，且工程实施容易，花费较少；③由于声波衍射的原因，声屏障对其 60m 以外的敏感点防噪效果较差，因此，当敏感点距离公路边界超过 60m 时，一般不采取声屏障措施，而视情况采取隔声窗等其他措施；④由于声波衍射的原因，其长度要长出敏感点两侧各 40m 左右，敏感点所有房屋方可得到保护；⑤加强交通管理，严格执行限速和禁止超载等交通规则，在通过人口密度较大的村镇路段设置禁鸣标志，以减少交通噪声扰民；⑥加强拟建公路和连接线沿线的声环境质量环境监测工作，实行环境噪声定期监测制度；⑦经常养护路面，保证拟建公路的良好路况。

5. （1）农田保护措施。

（2）陆生野生动物保护措施。

（3）水生生物保护措施。

（4）水土流失的减缓措施。

（5）取、弃土场生态影响的消减措施。

（6）避免对生态用水的阻隔。

（7）落实公路两侧的绿化带的营建工作。

第二题

1. （1）串级用水量＝20＋250＝270（m^3/h）。

（2）水循环率＝（8 000＋14 500＋26 780）÷（8 000＋14 500＋26 780＋20＋250＋1 530）×100 %＝49280÷51 080×100%≈96.48%。

（3）生产水重复用率＝（8 000＋14 500＋26 780＋20＋250）÷（8 000＋14 500＋26 780＋20＋250＋1 530）×100%＝49 550÷51 080×100%≈97.00%。

（4）吨钢新水消耗＝（1 530×24×365）÷2 000 000≈6.70（m^3）。

（5）吨钢外排废水量＝（270×24×365）÷2 000 000≈1.18（m^3）。

（6）吨钢外排烟粉尘量＝（6 100×365）÷2 000 000≈1.11（kg）。

（7）吨钢外排 SO_2 量＝（12 000×365）÷2 000 000＝2.19（kg）。

（8）吨钢外排 COD_{Cr} 量＝（135×270×1 000×24×365）÷（1 000×1 000×2 000 000）＝0.16（kg）。

（9）吨钢外排石油量＝（20×270×1 000×24×365）÷（1 000×1 000×2 000 000）＝0.02（kg）。

2. （1）①污水排放量 Q 为 270×24＝6 480（m^3/d），10 000m^3/d＞Q≥5 000m^3/d，为第三类。②排放水污染物中有持久性污染物和非持久性污染物两类：需预测其浓度的水质参数数目小于 10，污水水质复杂程度为中等；纳污水体年平均流量 78m^3/s，大于 15m^3/s，小

于 $150m^3/s$，属于中河；纳污段水体功能为农业及娱乐用水，执行《地表水环境质量标准》Ⅴ类水质标准。根据以上条件，按照《环境影响评价技术导则—地面水环境》(HJ/T 2.3—1993）进行判断，地表水环境影响评价等级为三级。

(2）现状评价因子为 COD_{Cr}、SS、NH_3-N、石油类、锌离子。

3.（1）根据《环境影响评价技术导则—地面水环境》(HJ/T 2.3—1993）的规定，水环境调查范围为排污口下游 5～10km，因下游有国家森林公园（环境敏感目标）和汇水口（水文特征变化处），调查范围应当将二者包含在内，因此调查范围取排污口至下游 26km 的汇水口河段。

(2）在排污口上游 500m、排污口处、下游 15km 的森林公园、下游 26km 的汇水口处设置监测断面，监测因子为 COD_{Cr}、SS、NH_3-N、石油类、锌离子，各断面上在各距岸边 1/3 水面宽度处设一条取样垂线，共设 2 条取样垂线，在垂线上水面下 0.5m 及距河底 0.5m 处各取样一个。需要预测混合段的水质断面，每条垂线上所有水样合为一个水样，其他断面各处水样合为一个水样。

4.（1）对持久性污染物锌离子，充分混合段采用河流完全混合模式，平直河流混合过程段采用二维稳态混合模式。

(2）对于非持久性污染物 COD_{Cr}，充分混合段采用 S-P 模式，平直河流混合过程段采用二维稳态混合衰减模式。

第三题

1.（1）河流及湿地生态系统。

(2）草地生态系统。

(3）天然林（森林）生态系统。

2. 勘探试采期、施工期、生产运营期、闭井期。

3.（1）河流及湿地生态系统：调查、评价对湿地水力条件、连通性、湿地动物，特别是 12 种国家和省级保护鸟类的影响。

(2）草地生态系统：设置样地，调查草地植被覆盖率、主要植物种类、优势种及频率、有无国家或地方保护物种、植被长势、生物量等，给出草地覆盖率图。评价项目建设对草地生态系统的完整性、多样性、稳定性的影响，评价造成的生物量损失与生态效益的损失。

(3）森林生态系统：调查森林生态系统的组成与空间分布，主要树种及胸径、频率、密度，有无国家或地方保护树种，计算单位面积蓄积量，森林郁闭度，覆盖率等，给出森林类型分布图，并调查森林中主要动物种群情况。重点评价项目建设对森林生态系统结构与功能的影响，对森林生态系统完整性、稳定性、多样性的影响。

4.（1）道路修建占用较多的土地、压占植被造成一定的生物量损失与生态效益的损失；施工时设置的各类取、弃土场等临时用地也对植被及土壤造成一定的破坏；油田道路往往呈网格状分布，路网密度较大，对生态环境的切割明显，使生态环境破碎化，进而影响生物物种的交流，造成生物阻隔影响；区域土地利用格局变化较为明显。

(2）优化道路布局，降低路网密度；尽量采取低路基方案，减少土石方用量；设置足够的桥涵等通道，保障水力和生物物种交流的畅通。

5.（1）本项目最大的生态影响是对洪泛区—湿地生态系统的影响。

(2) ①不在“洪泛区”内建设任何工程；②道路、管线建设尽可能不分割“洪泛区”，保障水力畅通；③严格控制施工及生产营运期废水排入“洪泛区”；④保护鸟类巢穴、停栖地、食源。

第四题

1. 生态环境影响调查的重点内容包括：

(1) 取弃土（渣）场、临时施工便道、施工营地等临时占地生态恢复情况。

(2) 各项水土保持措施的防治效果。

(3) 桥梁、路基建设对泄洪航运的影响。

(4) 公路建设对当地农业生产、经济林地、野生动植物生存环境影响及景观影响。

(5) 隧道建设对地下水自然流态的影响调查。

(6) 隧道边坡防护效果调查等。

2. (1) 水土流失的泥沙对地表水环境的影响。

(2) 隧道对地下水自然流态的影响。

(3) 特大桥施工期和运行期对A城市的集中式饮用水源二级保护区的影响。

(4) 服务区废水对汇入流经该村庄的小河水质的影响。

3. 上湾村、马兰村。

4. 在公路垂直方向距路肩20m、40m、60m、80m设点进行噪声衰减测量，并在声屏保护的敏感建筑物户外1m处布设观测点位。

5. 运输易燃易爆危险品可能发生的事故风险。

6. 根据《锅炉大气污染物排放标准》(GB 13271—2014)，装机容量1.4～＜2.8t/h的燃煤锅炉烟囱最低高度为30m，因此本项目燃煤热水锅炉的烟囱高度应增高到30m。

第五题

1. (1) 选址不合理。

(2) 理由：项目处于城市主导风向的上风向，由于养牛场存在较为明显的水环境污染、空气污染，并容易滋生病原生物等，选址时应远离城市及居民集中居住区，并处于主导风向的下风向。

2. 硫化氢、氨、粪臭素。

3. (1) 对牛舍粪便、尿液和恶臭污染的治理及其综合利用。

(2) 冲洗牛舍废水的集中处理。

(3) 设置合理的大气环境防护距离，西北风下风向一定距离内避免设置对恶臭等敏感的建筑物。

(4) 做好卫生防疫，预防瘟疫等疫情的发生和传播。

4. (1) B河流。

(2) C镇居民集聚点。

5. (1) 粪便能否及时拉走。

(2) 粪便能否完全清运走而不致造成污染。

(3) 粪便运送过程是否采用密闭运送方式，杜绝沿途撒落。

(4) 粪便清运交通是否方便，经济是否可行。

第六题

1. 应执行《污水综合排放标准》（GB 8978—1996）的一级排放标准。

2. （1）烟尘的产生量为：$270\times10^4\times50.5\%\times60\%+14\times10^4\times25\%=85.31\times10^4$（t/a）。

（2）烟尘的排放浓度为：$(85.31\times10^4\div5\,500)\div[(670\times3\,600)\times(1-99.6\%)\times10^9]=257$（$mg/Nm^3$）。

（3）烟尘超标排放。建议：减少掺烧石灰石量，加强管理或增加电场使除尘效率提高到 99.8%。

3. （1）采用点源有风、熏烟扩散模式可行；采用倾斜烟羽扩散模式不可行，因为烟尘粒度小于 15μm。

（2）A、B、C 级稳定度可直接由表查算出；D、E、F 级稳定度，需向不稳定方向提半级后再由表查出。

4. （1）灰场是否位于 B 村东南风下风侧，场界距 B 村是否大于 500m。

（2）灰场是否避开地下水主要补给区和饮用水源含水层。

（3）灰场是否选在防渗性能好的地基上，如果天然基础防渗层渗透系数＞1.0×10^{-7}cm/s，应采用天然或人工材料构筑防渗层，防渗层的厚度应相当于渗透系数 1.0×10^{-7}cm/s 和厚度 1.5m 的黏土层的防渗性能。

（5）灰场天然基础层地表距地下水位的距离不得＜1.5m。

第七题

1. 本项目属于专项规划的环境影响评价，从项目性质和所在地区的环境概况看，项目的主要影响是对所在地区的生态系统及水库淹没区的土地利用和社会影响。在对该规划进行环境影响评价时重点是规划分析、生态影响评价和替代方案。

（1）规划分析中的本规划与其他相关规划的协调是重点内容。

（2）生态影响评价重点是规划对流域陆生和水生生态系统的影响。

（3）替代方案分析比较主要是针对不同的规划方案以及规划取消情况下的零方案，对社会、经济和环境的影响的对比分析。

2. （1）对陆生植物的影响。

①直接影响：各规划方案的水库淹没情况；各规划方案的植被损失情况；影响区内有无珍稀（列入国家或地方保护名录的）动植物。对流域内陆地生态系统中动物和植物多样性的影响。

②间接影响：人为活动增加，水电开发造成的交通，电力输送等活动对植物的破坏。

③施工期的临时影响。施工活动造成的植物破坏。

（2）对陆生动物的影响。

①工程实施后的影响：水库的蓄水和发电将造成水库周边频繁交替的水陆变换，可能会影响到爬行类和两栖类动物的生态环境条件。河道在丰水期水量会减少，对动物的影响。

②施工过程对动物的影响：对鸟类、兽类、昆虫和其他动物的影响。

（3）对流域内陆地生态系统稳定性及完整性的影响。

（4）对水生生物的影响。

①施工过程中对水生生物的影响：对藻类、底栖动物、鱼类的影响；

②运行期对水生生物的影响：库区对水生生物的影响，使得生物量增加，种类增加，河道减水对河流中鱼类、底栖生物和藻类等的影响。

（5）对干流河段水生生物的多样性、完整性和稳定性的影响。

3.（1）规划描述：规划的背景及意义、规划方案简介、规划推荐方案和规划的近期工程及开发顺序等。

（2）规划目标协调性分析：水电开发规划与本地区社会经济发展目标的协调，与整个流域开发目标的协调，与本地区其他相关规划（土地利用规划、水利规划、城镇体系发展规划及旅游资源开发规划等）的协调性分析。

（3）规划的环境限制性因素分析。

4. 该规划的评价指标体系见下表。

项目规划评价指标体系

主题	环境目标	评价指标
生态环境	保护生物多样性，保持生态系统的结构和功能的完整，不加剧水土流失	是否导致物种消失珍稀物种的数量和分布、陆生生物的数量和多样性、水生生物的数量和多样性、水土流失量、弃渣土石方量
水环境	流域水环境达到功能要求，水源功能得以保护，生态用水得以保证，景观用水得以保证	河流、水库水质达标率、供水水源达标率、生态用水保证率、景观用水保证率
社会环境	有利于地区经济发展，有利用当地居民的生活条件与社会发展规划相协调，有利于当地居民的就业	对当地经济的贡献率、移民数量增加、就业数量对当地基础设施的贡献
资源开发利用	水能资源有效利用，土地资源有效利用，景观旅游资源有效利用	水能资源利用率、淹没耕地数量、淹没林地数量、永久占地数量、受影响旅游点

5. 机构或部门及其作用见下表。

机构或部门及其作用

机构或部门	作用
当地政府水利水电主管部门	规划的审批和委托编制
当地政府环境保护行政主管部门	参与规划环评的审查
上级环保行政主管	主管规划环评的审查
评价机构	规划环境影响报告书的编制
规划编制单位	规划的编制，接受或拒绝环境影响报告书中的环境保护措施
政府其他相关部门	对环境影响报告书提出意见
其他关心的公众或非政府组织	公众参与

第八题

1. 本项目为医药原料药项目，污染排放比较复杂。

(1) 大气污染物排放有氨、甲苯、HCl等，如控制治理不当，有可能影响环境空气质量或造成异味影响；废水中有机物、氨氮浓度高，如不处理达标排放会给地表水造成影响；固体废物多属于危险废物，处置不当会对土壤地下水、地表水和环境空气产生严重的影响。

(2) 项目噪声源不大，可控制到厂界，对外环境影响不大。项目使用较多危险化学品，一旦发生事故会有大量的有毒气体泄漏和事故废水排放，造成环境空气和有关地表水的严重影响，存在环境风险。

2. (1) 项目排放废气中，氨的等标排放量最大为 $3.5\times10^{7}m^{3}/h$，项目所在地区为平原，因此大气评价工作等级为三级。

(2) 项目环境空气质量现状调查除调查常规因子（SO_2、PM_{10}、NO_2、CO）外，还应调查 NH_3、甲苯，氯化氢、四氢呋喃以及臭气浓度等项目特征因子的质量现状。

(3) 对于常规因子，可收集评价区内或界外区各大气常规监测点的近三年监测资料，统计分析各点、各季的主要污染物的浓度值、超标量、变化趋势。对于项目特征因子，应布置1～3点进行监测，至少监测5天，每天4次（北京时间02：00、07：00、14：00、19：00）。

3. (1) 项目废水经厂内污水处理站处理后排放地区集中二级污水处理厂，第二类污染物应执行《污水综合排放标准》三级，其中COD的医药原料药工业的排放标准值为1 000mg/L。同时，项目废水排放应满足地区集中二级污水处理厂的收水要求。

(2) 项目废水所排往的地区集中污水处理厂，根据《城镇污水处理厂污染物排放标准》(GB 18918—2002)，应执行一级A标准。

4. 项目年生产废水 $90\times300=27\ 000$（t），工业区分配给该项目的COD和氨氮排放总量分别为20t/a和1.6t/a，因此项目污水处理站对项目污水处理后，其COD平均浓度应小于740mg/L，氨氮平均浓度应小于60mg/L，方能满足上述总量控制指标。

5. (1) 本项目主要有机废气排放是甲苯溶剂产生的无组织排放。降低本项目有机废气排放的途径有：①提高清洁生产水平，降低有机溶剂的使用量、提高回收率；②有效收集有机废气进行净化治理。

(2) 有机废气的净化治理方法有：①燃烧法。将废气中的有机物作为燃料烧掉或使其高温氧化，适用于中、高浓度范围的废气净化。②催化燃烧法。在催化氧化剂的作用下，将碳氢化合物氧化分解，适用于各种浓度、连续排放的烃类废气净化。③吸附法。常温下用适当的吸附剂对废气中的有机物进行物理吸附，如活性炭吸附，适用于低浓度的废气净化。④吸收法。常温下用适当的吸收剂对废气中的有机组分进行物理吸收，如碱液吸收等，对废气浓度限制较小，适用于含有颗粒物的废气净化。⑤冷凝法。采用低温，使有机物组分冷却至其露点以下，液化回收，适用于高浓度而露点相对较高的废气净化。